U0381332

《医疗器械生产质量管理规范》的
解析和应用

岳 伟 编著

上海社会科学院出版社
SHANGHAI ACADEMY OF SOCIAL SCIENCES PRESS

前　言

在我长期的医疗器械管理工作中,对企业的质量管理体系的建立和运行占了较大的比重,具有了丰富的经历,也积累了一些经验。早在 1985 年,我在上海医用核子仪器厂担任技术副厂长时,我们工厂因为生产蒸汽压力消毒器而需要申请第一类压力容器生产许可证。在申请压力容器生产许可证和接受劳动安全监管部门组织的认证过程中,从产品设计文件、质量管理文件、原材料采购和检验、生产过程中的质量控制、生产过程的记录等各个方面做了大量的工作。现在回忆起来,实际上就是为压力容器的生产建立了一套完整的质量管理体系。那个时候,为了建立质量管理手册、为了建立金属材料实验室、为了对压力容器进行无损探伤等等,进行了大量的工作。虽然顺利地完成了取证的任务,但是对质量管理体系还是似懂非懂。1987 年我国的 GB/T19000 系列质量管理体系标准正式发布以后,在全国掀起了一次宣传和学习的高潮,这时我已经担任了上海医用激光仪器厂的技术副厂长,所以在组织学习、贯彻实施中也做了许多工作。但是,真正对医疗器械生产质量管理体系的理解,是在 2005 年参加了国家认证认可机构组织的质量管理体系审核员学习和考核。通过系统地学习质量管理体系审核知识和质量管理体系标准,并经过实习审核员和正式审核员的考核,获得了国家审核员的资格。从 2005 年起,我担任上海市食品药品监督管理局医疗器械监管处处长的职务,直接担当起在上海市医疗器械行业推进建立医疗器械生产质量管理体系的工作。在十几年持续的工作中,不断地学习,不断地实践,并参加了国家相关医疗器械生产质量管理规范文件的研究、起草、解释、实施的工作。在长期的工作实践中,看到我国医疗器械生产企业随着质量管理规范的推行,企业的质量管理水平不断提高,医疗器械产品的水平也在不断提高,对此颇有感触。同时也看到在实施医疗器械生产质量管理规范中,产生了许多矛盾和问题,也有许多误解和误判,也对一些企业造成了伤害和损失。所以,在今天国家食品药品监督管理总局再次发布《医疗器械生产质量管理规范》时，我产生了一个强烈的想法，总结几十年来自己工作的经验和处理过的案例，对《医疗器械生产质量管理规范》的具体内容做一个原理上的解析，以求准确、全面地理解每一条款的基本原理和内涵。同时，对每一条款在执行应用中的要点，所涉及的范围和内容，需要引用的法规或知识等写出来。结果就写成了本书。

在 2015 年全国"两会"上，李克强总理提出，在行政管理上应当"大道至简，有权不可任性"。在医疗器械质量体系的管理上也应当树立这种理念。特别是对行政检查人员而言，一定要把医疗器械生产企业的质量管理体系的精髓理解清楚，做到科学、适宜、实事求是。我们应当特别注意，在检查质量管理体系时，当向生产企业提出存在"不合格"或者"严重缺陷"时，就应当有能力说明什么是"合格"或者"正确的应当如何"。这样企业才会信服，也会不断提高质量管理体系的水平。所以，如果本书能够让检查员说出不任性的，而是科学的检查结果，我将很欣慰。

在写本书的时候，我也是顾虑重重，因为我的文字水平不高，论述非常直白。至今在《医疗器械生产质量管理规范》的学习宣讲上，尚没有人展开进行权威解说，所以感到自己有点不知天高地厚，不自量力。再加上自己认识能力十分有限，常有管窥之见，还存在一些偏见。所以，很可能本书出版之后，会引起很多争论，也有人会否定我的部分观点。但是，仔细一想，如果本书出版以后，能够引起同行的议论，最终使得国家行政监管的权威部门对实施《医疗器械生产质量管理规范》做出权威、详尽的解说，何尝不是一件好事啊。

目　录

绪　　论

2014年2月12日国务院总理李克强主持召开国务院常务会议,审议通过《医疗器械监督管理条例》。这是自2000年1月由朱镕基总理签署我国第一部《医疗器械监督管理条例》以来,经过14年后进行修订的一部新的《医疗器械监督管理条例》。

在新的《医疗器械监督管理条例》中,第一次从法规的角度提出了医疗器械生产质量管理体系的问题,规定"医疗器械生产企业应当按照医疗器械生产质量管理规范的要求,建立健全与所生产医疗器械相适应的质量管理体系并保证其有效运行",由此从法律的高度、从医疗器械行政管理的完整性、从医疗器械生产的主要责任角度规定了医疗器械生产质量管理体系的地位。

回顾我国医疗器械生产的质量管理历程,对于我们全面认识《医疗器械监督管理条例》对提高生产质量管理体系的地位与作用十分重要。

我国对医疗器械实行全国统一的行政管理始于1995年。在1997年由原国家医药管理局制定了第一部《医疗器械注册管理办法》,开始了对全国医疗器械注册上市的管理。

2000年1月由国务院总理朱镕基签署发布了276号令《医疗器械监督管理条例》,随之原国家药品监督管理局也修订了《医疗器械注册管理办法》。但是在《医疗器械监督管理条例》中并没有提及质量管理体系,而是在修订的《医疗器械注册管理办法》的附录中,在关于需要递交的资料中,提出了申请产品注册中需要递交"医疗器械生产质量管理体系考核报告",由此形成了对医疗器械生产企业进行生产质量管理体系考核的事实。

面对需要在产品注册前考核企业质量管理体系的事实,为了统一考核标准,原国家药品监督管理局发布了于2000年7月1日起实行的《医疗器械生产企业质量体系考核办法》(局22号令)。这个22号令基本涵盖了医疗器械生产质量管理体系的基本要求,但是只有 5 个部分 35 条,大部分的检查采用了是/否的提问方式,简单且没有具体规定,虽然在形式上解决了质量体系考核的问题,但是,对于医疗器械生产中真正确保安全有效,对于医疗器械产品和生产工艺的多样性无法适应,也无法适应医疗器械产品的快速发展。

直到 2007 年国家食品药品监督管理局决定将大部分体外诊断试剂划归医疗器械进行管理,并组织编制了《体外诊断试剂注册管理办法(试行)》,同时组织编制了《体外诊断试剂生产实施细则(试行)》,并自 2008 年开始实施。《体外诊断试剂生产实施细则(试行)》,参考与借鉴了当时已经发布的国际上通行的 ISO13485:2003 和我国等效翻译采用的 YY/T0287《医疗器械 质量管理体系 用于法规的要求》;参考与借鉴了当时的药品生产质量管理规范(药品 GMP)和中国生物制品规程中有关质量管理的规定。《体外诊断试剂生产实施细则(试行)》在章节安排和条款内容上已经与 ISO13485 基本相同,同时又体现出对体外诊断试剂生产中所具有的化学试剂、生物技术、净化生产等特性。《体外诊断试剂生产实施细则(试行)》经过试行以后,对当时申请体外诊断试剂注册和生产许可的生产企业的质量管理工作起到了推动作用,也对当时已经在组织起草的《医疗器械生产质量管理规范(试行)》的早日出台起到了推进作用。

于是在 2009 年 12 月 16 日,国家食品药品监督管理局就发布了《医疗器械生产质量管理规范(试行)》(国食药监械[2009]833 号)和《医疗器械生产质量管理规范检查管理办法(试行)》(国食药监械[2009]834 号)。整个文件体系共分三个层次,第一层次是"规范",第二层次是"实施细则",第三层次是"检查评价标准"。然后国家食品药品监督管理局发布(国食药监械[2011]54 号)通知,告知《医疗器械生产质量管理规范(试行)》及其检查管理办法、无菌和植入性医疗器械实施细则等配套文件已经发布,并自 2011 年 1 月 1 日起实施。在第二层次的范围内,国家食品药品监督管理局发布了《医疗器械生产质量管理规范无菌医疗器械实施细则(试行)》和《医疗器械生产质量管理规范植入性医疗器械实施细则(试行)》。在第三层次,国家食品药品监督管理局又制订了《医疗器械生产质量管理规范无菌医疗器械检查评定标准(试行)》和《医疗器械生产质量管理规范植入性医疗器械检查评定标准(试行)》。这两个《实施细则》很快地被全国的医疗器械生产企业和行政监管部门施行,全国进行了培训宣讲,进行了试点和全面推行,应当讲到目前为此,全国大部分的无菌医疗器械、植入性医疗器械和体外诊断试剂生产企业都达到了《实施细则》的标准,也意味着实施了《医疗器械生产质量管理规范》。而其他的医疗器械产品还是按照原国家药品监督管理局的22号令考核质量体系。

2014年是我国医疗器械行政管理的新纪元,新的《医疗器械监督管理条例》发布以后,国家食品药品监督管理总局的《医疗器械生产监督管理办法》更加详细地规定了医疗器械生产企业建立生产质量管理体系的要求。按照《医疗器械监督管理条例》的规定:国家医疗器械监管部门要制定医疗器械质量管理规范,医疗器械生产质量管理规范应当对医疗器械的设计开发、生产设备条件、原材料采购、生产过程控制、企业的机构设置和人员配备等影响医疗器械安全、有效的事项作出明确规定。为此,国家食品药品监督管理总局决定对2009年发布的《医疗器械生产质量管理规范(试行)》进行修订。在广泛征求意见的基础上,于2014年12月29日以2014年64号公告,发布了《医疗器械生产质量管理规范》。在该《规范》中,已经没有"试行"的表述,也就意味着这个《规范》在一定的时期内为正式的规范性文件。

这次新发布的《医疗器械生产质量管理规范》,在章节内容的安排上与原《规范》一致,但是在条文的表述上,完全摒弃了原《规范》中过多直接翻译式文字的表述,采用更加接近中文语言的表述方式;在质量管理的要求上,有些表述更加明确细化,而不是原《规范》中一种推理演绎的表述方式;在应用范围上更多考虑一般医疗器械的全面要求,将2009年版《规范(试行)》中涉及无菌医疗器械、植入性医疗器械的内容更改到附录之中。

为了推进新的《医疗器械生产质量管理规范》的施行,国家食品药品监督管理总局还发布了《关于医疗器械生产质量管理规范执行有关事宜的通告》(2014年　第15号)。该《通告》规定:

一、无菌和植入性医疗器械生产企业应当继续按照医疗器械生产质量管理规范的要求,建立健全与所生产医疗器械相适应的质量管理体系并保证其有效运行。

二、自2014年10月1日起,凡新开办医疗器械生产企业、现有医疗器械生产企业增加生产第三类医疗器械、迁移或者增加生产场地的,应当符合医疗器械生产质量管理规范的要求。

三、自2016年1月1日起,所有第三类医疗器械生产企业应当符合医疗器械生产质量管理规范的要求。

四、自2018年1月1日起,所有医疗器械生产企业应当符合医疗器械生产质量管理规范的要求。

五、医疗器械生产企业应当积极按照医疗器械生产质量管理规范及相关要求进行对照整改,不断完善质量管理体系,全面提升质量管理保障能力,在规定时限内达到医疗器械生产质量管理规范的要求。在规定时限前仍按现有规定执行。

六、各级食品药品监督管理部门应当切实加强对实施医疗器械生产质量管理规范的宣贯和指导,对在规定时限内未达到医疗器械生产质量管理规范要求的生产企业,应当按照《医疗器械监督管理条例》有关规定处理。

为了解决新的《医疗器械生产质量管理规范》与无菌医疗器械、植入性医疗器械、体外诊断试剂这些特殊产品的关系,国家食品药品监督管理总局组织制定了规范附录。目前,已经发布了《医疗器械生产质量管理规范无菌医疗器械附录(征求意见稿)》、《医疗器械生产质量管理规范植入性医疗器械附录(征求意见稿)》、《医疗器械生产质量管理规范体外诊断试剂附录(征求意见稿)》。目前这三个都还是征求意见稿,何时能够正式发布尚不知晓,但是未来医疗器械生产质量管理规范的基本架构已经形成,就是1+X的架构。1就是《医疗器械生产质量管理规范》正文,X就是逐步发布的附录。

我从2007年起就代表上海市医疗器械监督管理局医疗器械监管处,组织并参加了当时国家食品药品监督管理局交办的《体外诊断试剂生产实施细则》的起草工作,随后又参加了《医疗器械生产质量管理规范》及其两个《实施细则》的起草工作。从2009年起,上海的医疗器械生产企业就开始推行上述质量管理规范,进行试点,然后全面推行。在长达8年多的工作中,几乎每天都会接到许多电话或邮件咨询,要求讲解上述规范及其细则的条款。我们在上海的工作,每年都会组织许多面向企业的培训班,在培训中努力从实际出发,进行通俗易懂、触及实际的讲解,但是,仍然感到不同的医疗器械生产企业,针对不同的生产质量管理要求会不断产生许多实际需要解决的问题。

2014年,我国有关医疗器械监管的法律规定和规范性文件大量发布,并在制度设计上有了重大的改变。我们感到这些新制度和变化,必然会在2015年的执行中遇到许多新的问题。不解决这些问题,不解决企业的疑问,必然会对全面执行新法规、全面推行质量管理规范、全面促进医疗器械产业创新发展产生影响。作为一个医疗器械行政管理者,不能无视这些问题,不能不去解决这些问题,这就产生了去研究、描述、讲解这些问题的冲动。

　　我在长期的工作实践中,一直思考一个问题,就是实施《医疗器械生产质量管理规范》与执行《医疗器械监督管理条例》等法规文件之间的关系。因为讲到"执行"这两个字,搞行政管理的监管人员,一定会想到"注册"、"许可"、"处罚"。那么究竟应当怎样呢? 在世界各国的医疗器械行政管理中,有着不同的管理思路。美国 FDA 对医疗器械监督管理是采用了联邦立法的方式。美国的《食品、药品和化妆品法》,联邦法规第 21 卷(21CFR)规定了 FDA 对医疗器械的监管。在对医疗器械企业的检查中,美国 FDA 制定了质量管理体系规范(QSR820)和质量管理体系检查指南(QMSR)。对于申请 PMA 注册的,企业在注册申请前由联邦检查员进行专业检查。对于申请 510K 注册的,注册前不用申请检查,正式生产并进入美国市场以后,由 FDA 的专业检查员对企业进行不定期的检查。但是,按照 QMSR 检查发现企业生产产品中存在严重不合格情况时,FDA 不能直接进行处罚,只能通过 FDA 的法务部门向企业和社会发布 486 警告信。美国 FDA 警告信的威力巨大,一旦发布,市场上必然会对被警告的产品作出强烈反应。由此,通过市场机制断绝了问题产品的出路和生存。在欧盟等一些国家地区,采用的是另外一种管理办法。欧盟推崇的是 ISO13485,并且采用委托第三方机构进行 CE 认证的方式。欧盟规定,对第一类医疗器械要加贴 CE 标志,企业在自我检查后认为达到标准后,可以采用自行宣告的方式。对Ⅱa、Ⅱb、Ⅲ类医疗器械企业必须通过欧盟指定验证机构,进行第三方认证。按照 ISO9000 或 ISO13485 质量管理标准,由第三方认证机构进行质量管理体系认证,并发给认证标记。所以,欧盟的管理相对比较宽松。但是,在国外的这两种监管方式中,有两个重要的监管理念,其一是建立医疗器械生产企业质量管理体系,实行医疗器械生产质量管理规范是企业的主要责任。企业是责任主体。行政管理部门只是监督者,政府行政管理部门更多的是对检查机构或者验证机构的监管。其二是对医疗器械生产企业因为各种原因(包括产品质量问题),对使用者或者患者造成的伤害或者危害,都是按照民法或者刑法进行处理,并不是按照行政法进行处罚的。最近,我在全面学习了我国的《医疗器械监督管理条例》和《医疗器械生产质量管理办法》以后体会到,我国的医疗器械监管立法思想也在与国际上的监管理念靠拢。比如在上述两个法规文件中没有提到,如果医疗器械生产企业违法了医疗器械"规范"或者没有实施"规范"可以进行行政处罚的条款。因为我国已经把运行质量管理规范作为企业的主要责任,行政检查中只是"核查"质量体系的运行。所以在上述两个法规文件中只是规定,如果医疗器械生产企业没有建立或者运行"医疗器械质量管理体系",才可以按照相应条款进行"不予许可"或者"行政处罚"。那么,对行政检查人员来讲,当在核查中发现企业存在"不符合规范"或者"严重不符合规范"的问题时,你就应从行政许可或者行政处罚的条款中去获得依据,以决定最后可以采取的措施。显然,"质量管理规范"与"质量管理体系"不是一个概念。建立"质量管理体系"是企业许可设立的基本条件,在《医疗器械生产监督管理办法》中规定开设医疗器械生产企业的许可条件的五条中,至少有四条涉及质量管理体系运行。所以,如果质量管理体系没有运行,也就会涉及企业基本许可条件的缺失。而"质量管理规范"属于一种管理标准,是推动质量管理体系运行的标准。所以,我们不能用一个标准去直接判断企业生产许可的基本条件,直接以"违反质量管理规范"为由对企业进行"不予许可"或者"行政处罚"。

我们应当认识到《医疗器械生产质量管理规范》本身并不是法规,而是标准或者指导性文件。但是,我们把由执行规范而形成的企业质量管理体系的要求进行了法规化,其执行的结果体现在产品的质量是否符合产品技术要求和安全有效上。

同时我们还要看到,制定和推行《医疗器械生产质量管理规范》是行政管理部门的责任和义务,而执行和运行《医疗器械生产质量管理规范》是企业的主体责任,企业是主要责任人。既然医疗器械产品的品种繁多,生产工艺五花八门,那么对《医疗器械生产质量管理规范》在实际生产中的运用,与企业的生产实际结合,主要是靠企业在全面理解《医疗器械生产质量管理规范》的条款、条款的原理、条款所包含的要求以后,由企业自行决定详细的实施规定。

第一章 总 则

　　总则是《医疗器械生产质量管理规范》(以下简称《规范》)的引言,主要论述了设立规范的目的、依据、范围、责任和风险管理。总则的条款在企业生产质量管理体系核查中,不会进行具体的检查。但是,认真学习总则的条款,理解其中的精神,对于明确企业的责任,建立质量管理体系,保持有效运行是十分重要的。为此,本书将作详细解释。

> 第一条　为保障医疗器械安全、有效,规范医疗器械生产质量管理,根据《医疗器械监督管理条例》(国务院令第 650 号)、《医疗器械生产监督管理办法》(国家食品药品监督管理总局令第 7 号),制定本规范。

　　条款理解:本条款开宗明义地表述了制定《规范》的目的和依据。《医疗器械监督管理条例》第二十三条规定:"医疗器械生产质量管理规范应当对医疗器械的设计开发、生产设备条件、原材料采购、生产过程控制、企业的机构设置和人员配备等影响医疗器械安全、有效的事项作出明确规定。"第二十四条规定:"医疗器械生产企业应当按照医疗器械生产质量管理规范的要求,建立健全与所生产医疗器械相适应的质量管理体系并保证其有效运行。"

　　为了确保医疗器械的安全、有效,为了统一全国医疗器械生产企业的质量管理标准,国家食品药品监督管理总局组织制定医疗器械生产质量管理规范。

　　在国家食品药品监督管理总局发布的《医疗器械生产监督管理办法》第四章节"生产质量管理"中,对《规范》的内容和实施更是做出了具体细致的规定。其中:

　　第三十八条是要求企业建立质量管理体系,并保持有效运行;

　　第三十九条是要求企业组织人员的法规和技术培训;

第四十条是规定产品的生产和出厂检验管理；

第四十一条是关于生产质量体系自查及自查报告；

第四十二条是企业对生产条件控制及报告；

第四十三条是关于企业发生的停产情况报告；

第四十四条是关于不符合生产许可条件的公示和依法注销；

第四十五条是关于企业的生产场所及设备管理；

第四十六条是关于产品生产中的采购管理及控制；

第四十七条是关于对医疗器械原料管理及控制的要求；

第四十八条是鼓励企业采用信息化管理；

第四十九条是关于发生重大质量事故报告的要求等。

正是这些具体的规定，从而奠定了本《规范》的基调。

要点说明：

1. 制定《规范》的目的是为了"保障医疗器械安全、有效，规范医疗器械生产质量管理"。

2. 制定《规范》的依据是《医疗器械监督管理条例》和《医疗器械生产监督管理办法》等法规，但是《规范》本身并不是法规，而是一个技术文件，严格地讲是生产质量管理活动的一个标准或者指导性文件。《医疗器械监督管理条例》和《医疗器械生产监督管理办法》是制定《规范》的上位法依据，从法规到技术指导文件，形成了现代医疗器械生产监督管理制度的科学框架。

3. 全面实施《规范》是每个医疗器械生产企业认真执行《医疗器械监督管理条例》等法规的具体体现，由于每个企业生产的产品不同、生产过程不同、生产条件不同，所以实施《规范》必须理解每个条款的原理，结合企业具体，制定细致的措施。对违反《规范》发生的问题，必须要采取纠正措施。企业要特别注意，严重违反《规范》的要求，就有可能涉及违反《医疗器械监督管理条例》和《医疗器械生产监督管理办法》等法规规定的许可条件以及行政处理条款。

> **第二条** 医疗器械生产企业（以下简称企业）在医疗器械设计开发、生产、销售和售后服务等过程中应当遵守本规范的要求。

条款理解： 本条款表述了《规范》所适用的范围。《医疗器械监督管理条例》（以下简称《条例》）已经规定我国对医疗器械实行全寿命周期的管理，医疗器械的全寿命周期从研制设计开始,到生产、经营、使用,直至产品报废处置。所以,按照《条例》的规定,国家医疗器械监管部门制定了《医疗器械临床试验质量管理规范》、《医疗器械经营质量管理规范》、《医疗器械使用质量管理规范》等以及本《规范》。本《规范》是生产企业的质量管理,所以对与医疗器械产品实现有关的过程做出了规定,如设计开发、生产实现、生产企业所生产的产品销售,以及销售后的跟踪和服务等。

要点说明:

1. 由于《条例》和《医疗器械注册管理办法》、《医疗器械生产监督管理办法》等规章,对医疗器械的注册和生产许可的次序作了重大调整,实行"先产品注册、后生产许可"的秩序。所以,《医疗器械注册管理办法》第三十四条为了评价注册申请人在产品研制过程中是否具有保证产品质量的措施,特规定"食品药品监督管理部门在组织产品技术审评时可以调阅原始研究资料,并组织对申请人进行与产品研制、生产有关的质量管理体系核查"。由此,《规范》的范围也就包含了设计开发阶段的质量管理。但是,由于在设计开发时企业并不处在正式规模生产的状态,这时的质量管理体系究竟应该如何运作呢?本《规范》的第七十九条规定:"医疗器械注册申请人或备案人在进行产品研制时,也应当遵守本规范的相关要求。"同时第八十一条规定:"企业可根据所生产医疗器械的特点,确定不适用本规范的条款,并说明不适用的合理性。"这也就说明不管是在研制阶段、中试阶段,还是规模生产阶段,《医疗器械生产质量管理规范》总体上是适用的,只是生产企业应当能够说明处在不同阶段时所适用和不适用的条款的理由。

2. 医疗器械生产企业在生产地销售企业自己所生产的产品,这不属于《条例》规定的"医疗器械经营行为",所以不需经过医疗器械经营许可或备案。但是,由于同样是一种销售行为,那么有关医疗器械产品销售过程中的产品入库检验、出库记录,销售记录,销售过程中的合规性还是必须保证的。所以,直接销售生产企业自己的产品,企业应当参考《医疗器械经营管理办法》,建立相应的管理制度。

3. 对于产品上市后企业需要销售其中的一些部件、配件或者消耗品,《医疗器械注册管理办法》第七十五条规定:"医疗器械注册证中'结构及组成'栏内所载明的组合部件,以更换耗材、售后服务、维修等为目的,用于原注册产品的,可以单独销售。"如果这些部件不是企业自己生产的或者定制的,而是外购已经注明获得注册和生产许可的产品,则应当属于医疗器械经营行为。

4. 关于"有与生产的医疗器械相适应的售后服务能力"是《条例》新修订的许可条件之一,由此可见其重要性。在本《规范》中也用了大量的篇幅对此做出了规定。本条款规定的使用范围涵盖了售后服务这一环节,进一步表明本《规范》约束了从产品研发设计到售后服务的整个过程。

> **第三条** 企业应当按照本规范的要求,结合产品特点,建立健全与所生产医疗器械相适应的质量管理体系,并保证其有效运行。

条款理解:本条款规定了企业在质量管理方面的法律责任。建立医疗器械生产质量管理体系并保持有效运行是《条例》的基本要求,也是医疗器械生产企业对产品质量负主要责任的具体要求。

按照 ISO9000 系列国际标准定义,质量管理体系(Quality Management System,简称 QMS)是指确定质量方针、目标和职责,并通过质量体系中的质量策划、控制、保证和改进来使其实现的全部活动。医疗器械生产质量管理体系是医疗器械生产企业内部建立的、为实现质量目标所必需的、系统的质量管理模式,是企业的一项战略决策,是一种系统管理工程。企业根据产品的特点,选用若干体系管理要素加以组合,一般由包括与管理活动、资源提供、产品实现以及测量、分析及改进活动相关的过程组成,可以理解为涵盖了从确定顾客需求、设计研制、生产、检验、销售、交付之前全过程的策划、实施、监控、纠正与改进活动的要求。所以,企业将质量管理的各项活动以文件化的方式公布执行,形成了企业内部质量管理工作的要求,就是企业的质量管理体系。

《条例》规定了行政管理部门对生产企业的监督检查就是要核查"医疗器械生产企业的质量管理体系是否保持有效运行"。如果发现"医疗器械生产企业未按照经注册或者备案的产品技术要求组织生产,或者未依照本条例规定建立质量管理体系并保持有效运行的",就会受到规定的行政处罚。

那么,如何理解"未建立质量管理体系"、"未保持有效运行"呢?目前的法规和规范性文件都未对此作出任何解释。为此,我们在本书中提出的参考意见是,如果在行政核查中发现企业存在严重不符合规范的条款,并已经达到《条例》第二十条规定的开设医疗器械生产企业必须具有的基本要求中的任何一条,则可以说企业"未建立质量管理体系";如果在核查中发现企业因为没有按照规范的要求组织生产,并使得产品在生产过程中或者在成品中存在"严重不合格"现象,或者产品已经造成严重不良事件或者造成伤害的,则可以说企业"未有效运行质量管理体系"。一般情况下,在核查中发现企业管理中存在的问题,都属于企业在质量管理中存在的"缺陷",对于质量管理中存在的"缺陷"是必须要求企业整改的。对企业而言,也就是采取预防纠正措施。

要点说明:

企业是否建立了质量管理体系,将在后续检查内容中具体表现,本条款不再详细说明。

第四条 企业应当将风险管理贯穿于设计开发、生产、销售和售后服务等全过程,所采取的措施应当与产品存在的风险相适应。

条款理解:本条款提出进行医疗器械风险管理的要求。风险管理是《条例》的基本立法原则。

《条例》第四条提出:"国家对医疗器械按照风险程度实行分类管理。

第一类是风险程度低,实行常规管理可以保证其安全、有效的医疗器械。

第二类是具有中度风险,需要严格控制管理以保证其安全、有效的医疗器械。

第三类是具有较高风险,需要采取特别措施严格控制管理以保证其安全、有效的医疗器械。

评价医疗器械风险程度,应当考虑医疗器械的预期目的、结构特征、使用方法等因素。"

我们知道,医疗器械(包括体外诊断试剂(IVD))主要用于人的疾病的预防、诊断、治疗、康复,是与人的生命安全健康密切相关的特殊产品,医疗器械的风险将可能引起对人体的伤害以致造成死亡。出于对人体认识的渐进性、科学技术的复杂性、利益各方的多样性,医疗器械的使用必然会带来某种程度的风险。并且这种风险不仅要考虑对人的现实和潜在的损害,而求要考虑对财产、环境的损害。

风险是普遍客观存在的,随着人类社会的不断发展,对风险认识越加深刻,对风险控制要求越高;随着科学技术的发展,医疗器械的风险越来越高,对医疗器械风险控制的水平也越来越高;医疗器械的产品和使用是普遍承认的高风险领域,对医疗器械的风险管理是全球的共同认识。

在医疗器械生产质量管理规范中,我们提出风险管理思想,采取风险管理措施就是为了降低医疗器械产品的风险。经过长期的管理实践已经证明:(1)风险管理对保障人类生命安全十分重要;(2)风险管理对医疗器械生命周期全过程的控制十分有效;(3)实施风险管理对企业设计、生产水平和质量管理具有实质性提高;(4)实施风险管理是强化医疗器械行政监管的有效措施。

在开展医疗器械风险管理中,我们等同采用了 YY/T0316—2008/ISO14971:2007《医疗器械—风险管理对医疗器械的应用》国际标准。这个标准是从 1998 年国际标准化组织的 ISO/TC210 与国际电工委员会的医用电器设备通用要求分技术委员会 IEC/SC62A 联合制定发布的 ISO14971:1998《医疗器械—风险管理—第一部分风险分析的应用》和 2000 年 12 月 ISO/TC210 与IEC/SC62A 联合发布 ISO14971:2000《医疗器械—风险管理对医疗器械的应用》演变过来的。其间 2003 年 6 月,国家食品药品监督管理局等同采用并发布了 YY/T0316—2003《医疗器械—风险管理对医疗器械的应用》。

对于开展医疗器械风险管理,我们要树立几个观点:(1)风险是普遍客观存在的,风险无处不在、无时不有,只要使用医疗器械就会有风险,为此我们没有必要把医疗器械风险扩大化、无限化;(2)风险是损害的发生概率与损害的严重程度的结合,认识风险一定要把两个要素结合起来,所以分析风险是基于客观事实为基础的;(3)医疗器械的风险既可以发生在不正常(即故障)状态下,也可能发生在正常状态下,所以影响医疗器械风险的因素很多,我们要学会运用各种风险分析技术;(4)认识医疗器械风险是为了控制风险、管理风险,采取措施将医疗器械风险控制在可以接受的水平。

要点说明:

1. 正确处理风险管理体系与质量管理体系的关系。由于风险管理要贯穿于设计开发、生产、销售和售后服务等全过程,风险管理也有方针目标、组织程序、资源保障、文件记录等,所以风险管理也形成了一个体系。但是 YY/T0316标准中明确提出,"风险管理可以是质量管理体系的一个组成部分",所以我们不能要求企业为风险管理单独建立一个体系,而应当将风险管理融合在质量管理体系之中。实际上质量管理体系研究的风险范围比医疗器械产品研究的风险范围更大,质量管理体系所指的"风险",不但涉及医疗器械产品的风险,还包含了医疗器械产品研究开发的风险和医疗器械临床使用的风险。

　　另外,风险管理与医疗器械上市后的不良事件监测具有紧密的关系,对于已经发生的不良事件,我们可以通过产品不良事件造成的危害程度,来确定医疗器械不良事件处理程序,完成不良事件报告与再评价管理。而通过风险分析,我们还可以发现潜在性的不良事件,比如通过产品设计回顾性研究、质量体系自查结果、产品阶段性风险分析和有关医疗器械安全风险研究文献等获悉其医疗器械可能存在的安全隐患。

　　2. 正确理解风险管理与风险分析。在风险管理中,我们时常考虑的问题是:如何感知风险? 如何发现风险? 如何分析风险? 如何减少风险? 如何确定剩余风险? 如何决定可收受的风险? 如何控制风险? 解决这些问题,涉及"风险管理"和"风险分析技术"的问题。

　　从定义上讲,"风险管理"(risk management)是整个企业开展风险分析、风险评价、风险控制和风险监视工作,并据此建立风险管理方针、风险工作程序及其组织开展风险分析实践的系统运用。其重点是体现在"管理"上。

　　"风险分析"(risk analysis)是系统的运用所获得的信息和资料,通过判定危害并估计风险的过程,提出具体降低风险的具体措施,并确定剩余风险的可接受准则。所以,风险分析是一种具体程序和技术措施。运用在具体事件或产品上的分析技术是风险分析技术,而运用在生产全过程管理上就是风险管理。

　　3. 在 YY/T0316—2008《风险管理对医疗器械的应用》标准中,给出了开展企业风险管理的基本框架(参见 P.14 图)。在这个基本框架中,发现风险、分析风险、减少风险、确定剩余风险、决定可收受的风险和采取控制风险的措施,都是可以运用"风险分析技术"的。学习风险管理和风险分析技术是一门专门的管理技术,在本书的篇幅中不能进一步详细叙述,建议企业的质量管理人员和医疗器械行政检查人员开展风险管理课程的专门学习。

　　4. 本书给出一部分与风险管理和风险分析相关的参考标准。这些标准主要涉及医疗器械安全性试验和评价,所以也与医疗器械风险分析有关。

　　ISO13485(regulatory quality system)质量体系规范

　　IEC60601(electromedical devices)医用电子仪器

　　IEC60601-1-6(Usability)可用性原则

　　IEC62304 & AAMISW68(software)软件

　　ISO10993(Biocompatibility testing)生物相容性试验

　　IEC61010(IVD laboratory equipment)体外诊断及实验装备

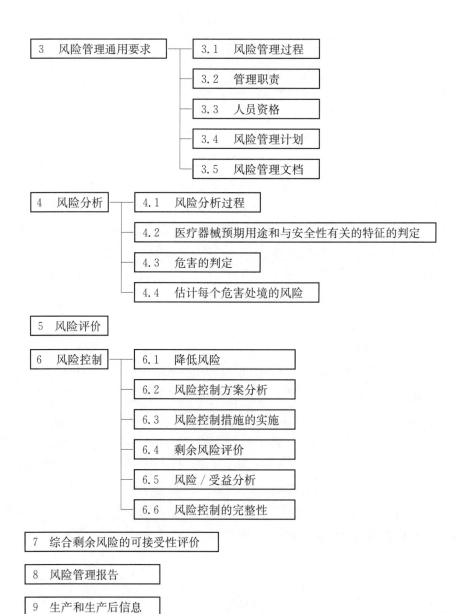

3　风险管理通用要求　　　3.1　风险管理过程

　　　　　　　　　　　　　3.2　管理职责

　　　　　　　　　　　　　3.3　人员资格

　　　　　　　　　　　　　3.4　风险管理计划

　　　　　　　　　　　　　3.5　风险管理文档

4　风险分析　　4.1　风险分析过程

　　　　　　　4.2　医疗器械预期用途和与安全性有关的特征的判定

　　　　　　　4.3　危害的判定

　　　　　　　4.4　估计每个危害处境的风险

5　风险评价

6　风险控制　　6.1　降低风险

　　　　　　　6.2　风险控制方案分析

　　　　　　　6.3　风险控制措施的实施

　　　　　　　6.4　剩余风险评价

　　　　　　　6.5　风险/受益分析

　　　　　　　6.6　风险控制的完整性

7　综合剩余风险的可接受性评价

8　风险管理报告

9　生产和生产后信息

第二章 机 构 与 人 员

　　机构和人员是质量管理体系的基本要素,其主要体现医疗器械生产企业中各级管理机构和各级管理人员所应当担当的质量管理职责。《医疗器械监督管理条例》已经规定,作为医疗器械生产企业必须建立有效的生产质量管理体系,所以首先需要明确企业各级组织机构的职责,每个部门在产品质量管理中所起的作用,承担的工作内容,拥有的管理权限,与其他部门的关联等。其次,要规定各级管理人员的职责,特别是企业法定代表人、企业负责人的职责,企业技术、生产、质量管理人员的职责。第三,企业在审核质量体系时,就是要评价企业的决策层能否确保建立一个充分、适宜、有效的质量管理体系,能否为质量管理体系的运行提供资源和方法,能否确保各级组织机构和人员的职责履行。

　　第五条　企业应当建立与医疗器械生产相适应的管理机构,并有组织机构图,明确各部门的职责和权限,明确质量管理职能。生产管理部门和质量管理部门负责人不得互相兼任。

　　条款理解:本条款说明两层意思。其一,企业要能够持续和稳定地生产符合质量要求、安全有效的产品,需要有相应的管理机构来运行质量管理的各项工作。为此企业应当根据医疗器械产品的复杂程度、风险高低、规模大小等因素,设置相应的部门,确定各部门的管理职责,明确质量责任和权限,并且通过文件编入质量手册。企业通过文件规定,管理产品的设计、生产、销售和服务全过程,使得在影响产品质量的各方面(如技术、资源、采购、工艺、检验、管理)得到有效控制。其二,本《规范》要求企业用组织机构结构图来表明各级组织机构,以及这些机构的互相关系。同时明确,企业的生产管理部门是产品质量形成的部门,质量管理部门是产品质量监督(检验)的部门,为了形成相互监督和发现问题的机制,规定这两个部门的负责人不能兼任,这也是法规的要求。特别应该强调的是对于产品质量问题,质量管理部门具有否决权。

要点说明:

1. 本《规范》并没有要求企业一定要建立怎样的机构,建立多少机构。就如GB/T19001所述的"统一质量管理体系的结构或文件不是本标准的目的",所以企业具有如何设定机构的自主权。比如企业应当具有质量管理部门(QA),开展对整个企业质量工作的管理。但是,质量管理部门究竟是单独设立,还是由某个部门兼管,则可以由企业自行决定。

2. 企业要制定各部门管理职责的文件,汇编到质量手册中。管理职责文件要明确各部门和各项工作的质量管理责任。某种意义上讲,管理职责文件比组织机构图更重要,因为文件的规定更详细、更完整,有利于进行检查和考核。

对于质量管理体系而言,如果缺少一个方面或者一个部门的质量管理职责,就说明企业在某一方面缺少质量管理,属于严重缺陷。制定管理职责文件,既要从企业所设立的部门角度确定,也要从产品的生产全过程确定。需要从这两个方面考虑管理职责的因素,建议企业参照本《规范》第二十四条的内容,编制一个矩阵分工表,这样就可以十分清晰地表现出来,便于各部门理解,而且不易出错。

第六条 企业负责人是医疗器械产品质量的主要责任人,应当履行以下职责:

(一)组织制定企业的质量方针和质量目标;

(二)确保质量管理体系有效运行所需的人力资源、基础设施和工作环境等;

(三)组织实施管理评审,定期对质量管理体系运行情况进行评估,并持续改进;

(四)按照法律、法规和规章的要求组织生产。

条款理解: 本条款是明确规定企业负责人(或者包含法定代表人)所应承担的质量管理职责。企业负责人也是企业的最高管理者,应对质量管理承担全面责任。本《规范》为此明确地提出了四项主要职责。

1. 组织制定企业的质量方针和质量目标;

2. 确保质量管理体系有效运行所需的人力资源、基础设施和工作环境等;

3. 组织实施管理评审,定期对质量管理体系运行情况进行评估,并持续改进;

4. 按照法律、法规和规章的要求组织生产。

前3条涉及质量方针、质量目标、资源保证、管理评审,具体的内容将在本书后面内容中详述。对于第4条按照法律、法规和规章的要求组织生产的问题,首先,要求企业负责人要有"依法生产、依法经营"的思想,企业的生产经营行为都必须依法合规。其次,要求企业负责人经常学习相关的法律、法规和规章,必要时应当聘请律师或者法律顾问,也有些企业专门成立了法务管理部门。第三,说明如果企业发生了违法违规事情,企业的主要负责人和法定代表人要承担相应的法律责任。

要点说明:

1. 质量方针是由企业负责人正式发布的该企业总的质量宗旨和方向,是企业管理者对质量的指导思想和承诺,是企业经营总方针的重要组成部分。企业的质量方针体现了企业对社会的责任。企业制定的质量方针应当简单明了,并且采取一定的宣传方式为全体员工所熟知。

企业的质量目标是提出一个可以考核检查的目标,为企业全体员工提供了其在质量方面关注的焦点和追求的方向。一般到了每年年终期末,企业就可以按照年初订立的质量目标进行检查和考核。质量目标具有多层性,企业要建立一个总目标,同时根据各个部门在生产活动过程中的作用建立若干个子目标,所有子目标的完成方可确保总目标的完成。以系统论思想作为指导,通过子系统与总系统的协调,从实现企业总的质量目标出发,去协调企业各个部门乃至每个人的活动,这就是质量目标的核心思想。质量目标可以帮助企业有目的地、合理地分配和利用资源,以达到满足制造产品需求的结果。

2. 人力资源、基础设施和工作环境构成了我们经常在质量体系中说的"人、机、料、法、环"的资源要素。资源是质量管理体系运行的基本要素,没有资源无法开展生产和质量活动。在《医疗器械监督管理条例》规定生产许可的基本条件中,就确定了只有达到满足基本资源的条件方可准予生产许可。如果在质量管理体系的检查中,发现企业没有提供保证生产和质量活动的基本资源,就是严重的"不合格项"。当然,由于不同企业的生产活动水平高低、规模大小、复杂难易不同,企业所提供的资源也会不同。对于企业能否确保生产活动所提供的资源,我们可以从三个方面来进行判断企业的资源保证,一为是否符合相关国家和行业强制标准所规定的基本条件；二为是否能够完成产品生产过程，确保产品质量和产品销售使用的情况；三为是否具有能够与企业的生产规模和实际生产的数量相符合的生产场所和设备。如果现场检查中，发现企业生产现场拥挤、物料乱放、管理混乱，安全不保证，就说明企业的生产资源不能保证，就容易发生质量问题。

3. 管理评审是一项具有特定内容和要求的质量活动，就是企业负责人为评价本企业管理体系的适宜性、充分性和有效性所进行的活动。开展这项质量评价活动的目的就是要总结管理体系的业绩，并找出与预期目标的差距，同时还应考虑任何可能改进的机会，并在研究分析的基础上，对企业和产品在市场中所处地位及竞争对手的情况予以评价，从而找出自身的改进方向。所以，管理评审活动的开展，要有职责和分工、有策划和计划、有评审程序和要求、有评审记录和改进跟踪。一般情况下，企业负责人应当主持管理评审活动，负责审核《管理评审计划》和《管理评审报告》，组织各部门报告管理体系的运行情况，组织、协调管理评审的相关工作。企业应当保留《管理评审计划》和《管理评审报告》等记录。

4. 依法组织生产和经营医疗器械是每个医疗器械生产企业的基本法治意识。但是要做到完全的对法律法规的依从性，就需要企业负责人收集法规、学习法规、熟悉法规、遵守法规。为此，企业负责人应当定期参加行政监管部门组织法规宣讲培训活动，并保持记录。企业负责人还要定期检查企业符合法律法规的具体情况。必要时，企业还可以聘请法律顾问或者成立法务管理部门。实践证明，建立了法务管理部门的企业，发生违法违规的情况就比较少，而且这些企业与行政管理部门的沟通也比较顺畅。

5. 在医疗器械监督管理的生产质量管理体系审核中，对企业负责人的审核一般采用两种形式，一是与企业负责人直接进行谈话，以了解他的履职情况；二是通过其他条款的核查中发现企业的缺陷问题，来考核企业负责人履职的能力和法制意识。

第七条　企业负责人应当确定一名管理者代表。管理者代表负责建立、实施并保持质量管理体系，报告质量管理体系的运行情况和改进需求，提高员工满足法规、规章和顾客要求的意识。

条款理解： 本条款规定了企业要任命管理者代表，以及管理者代表应当履行的职责。本《规范》对生产企业管理者代表的基本职责作出了三条规定：(1)在企业主要负责人的领导下，负责建立企业的医疗器械生产质量管理体系，确保质量管理体系的实施和保持；(2)定期和不定期地向企业主要负责人报告企业质量管理体系的运行情况和改进需求；(3)组织相关部门，通过各种形式提高员工满足法规、规章和顾客要求的意识。因此，企业负责人要正式任命管理者代表，并形成任命文件。

要点说明：上海市食品药品监督管理局在2013年制定的《上海市医疗器械生产企业管理者代表管理办法(试行)》可以参照执行。该办法对管理者代表的基本职责、任职要求、任命方式、报告义务、学习培训、登记备案、责任追究等都做出了详细规定。

企业负责人任命管理者代表一定要有相应的任命手续，并向监管部门报备。管理者代表主要协助企业负责人开展质量管理工作。从具体工作的角度讲，企业管理者代表就要做好以下工作：

1. 贯彻执行医疗器械的法律、法规、规章和质量标准；

2. 组织建立和实施本企业质量管理体系，并保证质量体系的科学、合理与有效运行；

3. 建立企业质量管理体系的审核规程，按计划组织管理评审，编制审核报告并向企业管理层报告评审结果；

4. 组织推进质量管理培训工作，提高企业员工的质量管理能力，强化企业的诚信守法意识；

5. 组织上市后产品质量的信息收集工作，及时向企业负责人报告有关产品投诉情况、不良事件监测情况、产品存在的安全隐患，以及在接受监督检查等外部审核中发现的质量体系缺陷等；

6. 负责在企业接受医疗器械生产质量体系审核或跟踪检查以及日常监督检查时，与检查组保持沟通，提供相关信息、资料，并为检查工作提供便利；

7. 组织对质量管理体系检查发现的不合格项目进行整改及采取相关措施，按规定时限向检查实施机构和企业生产地址所在的监管部门报告；

8. 在产品发生重大质量问题时，应主动向所在地的区(县)分局报告相关情况，并同时抄告市食品药品监管局；

9. 负责将医疗器械生产企业的相关信息通过网络平台报送食品药品监督管理部门，并按要求提供医疗器械生产质量体系运行情况报告。

上海市的管理者代表管理办法实施以来,企业已经基本任命了管理者代表,并向监管部门进行了报备。通过对企业管理者代表的培训,企业对建立质量管理体系、建立并遵循生产质量管理规范的自觉性大大提高。

> **第八条** 技术、生产和质量管理部门的负责人应当熟悉医疗器械相关法律法规,具有质量管理的实践经验,有能力对生产管理和质量管理中的实际问题作出正确的判断和处理。

条款理解: 技术、生产和质量管理部门的负责人代表了企业上层管理的人力资源,也是企业的管理层的关键人员。本条款提出了对技术、生产和质量管理部门的负责人的基本要求,并且以实践经验、工作能力为主作为对这些部门负责人评价原则,并不唯学历和资历。

要点说明:

1. 企业应当建立对各部门负责人进行任免的管理制度,其中包括岗位和职务要求、任免手续和文件、任职期间的学习和培训,每年对技术、生产和质量管理部门的负责人履职能力的考核和评价。这些管理都应该有文字记录,企业在被检查时应当能够提供一份主要人员名单。

2. 在本《规范》中,并没有规定企业各个部门负责人的学历、专业、任职年限等,而是比较强调专业工作经历和经验,以及对相关法规的熟悉程度。但是,在某些比较特殊的专业领域内,可能在本《规范》的附录文件或实施细则中,对人员的专业作出某些规定,比如体外诊断试剂实施细则中对专业人员的要求是学习药学、医学、诊断实验、化学、生物技术等。对此,企业应当重视。

3. 按照风险管理的思想,专业人员也是产品质量风险的关键要素。比如,ISO14971对风险分析专业人员的要求是:最重要的是要有完成风险管理工作所需要专业知识的人,他们应该能够说明白,医疗器械是如何构成的,医疗器械是如何工作的,医疗器械是如何生产的,医疗器械实际是如何使用的。这些都体现出专业管理人员的经验和能力。在对企业质量管理体系的核查中,往往会对企业各部门负责人的能力进行现场观察考核,包括提问或者管理工作的核查。如果企业发生重大人员变动,或者发生集体性人员变动,就必须关注产品质量的变化,必要时应当进行管理评审。

第九条　企业应当配备与生产产品相适应的专业技术人员、管理人员和操作人员,具有相应的质量检验机构或者专职检验人员。

条款理解:本条款是规定了企业应当具有与生产"相适应"的技术、操作、管理、检验的人力资源。特别强调了要有质量检验机构和专职检验人员。对人员的核查,主要是考核岗位、数量、能力、稳定等因素,对人员资源的保证也是开办医疗器械企业生产许可的基本条件之一。

要点说明:

1. 要正确理解何为"相适应"。由于医疗器械生产企业的产品不同、规模不同、技术水平不同,所以没有具体规定人员数量、部门设置、岗位要求等。但是,在生产岗位上专业人员的具体表现是可以直接观察到的,如果在体系核查中发现生产岗位缺员、检验岗位缺员、未经培训上岗、违反劳动法规等现象,那就是说明企业没有"相适应"的专业人员。

2. 企业应当编制一份各生产部门的人员名册,明确各个岗位的人员和工作内容,自我核查人力资源是否与生产产品相适应。如果在核查中需要,企业可以提供给核查中抽查部分人员。

3. 质量检验机构(QC)不同于质量管理部门(QA)。质量检验岗位是企业在产品生产实现过程中的一个重要环节,目前在我国企业的生产水平下,往往质量检验也成为测试产品是否符合技术要求的最后一关。质量检验也是对生产环节进行监督检查的一种方式。质量检验可以分为生产过程检验与成品检验。生产过程检验是企业根据生产工艺特点决定的,主要应用于产品生产过程中的内部质量控制,以及一些在产品全部完成后就无法检验或者需要破坏性检验的控制。比如按图纸加工的产品实行"首检"、"抽检"、"完工检验"等;在生产流水线上设立对零部件、半成品的检验岗位等。而成品检验是企业根据产品技术要求的主要指标而实施的对整个产品的全部检验过程。为了证明产品符合技术要求,出具产品合格证明文件,所以企业必须设立成品质量检验机构。

4. 企业质量检验机构必须配备专职检验人员。专职检验人员是十分重要的,要经过企业的培训和考核,合格后方能上岗操作。培训和考核要保留记录。在体系核查过程中,有可能要求专职检验员当场操作,这也是体系核查的重要内容之一。

第十条　从事影响产品质量工作的人员,应当经过与其岗位要求相适应的培训,具有相关理论知识和实际操作技能。

条款理解:本条款实际内容是规定了对企业员工进行培训、考核的要求。条款特别提及"从事影响产品质量工作的人员",那么,企业应当划清哪些岗位、哪些人员、哪些工作会影响产品质量,并建立清单。这也是从人员管理的角度进行风险管理。

要点说明:

1. 按照质量管理体系的要求,每一个从事与产品质量相关的人员都应该经过选择或者考核,证明其知识、技术、能力、身体状况能够胜任工作。对于每个员工企业应当组织有针对性的培训,培训内容包括产品知识、操作技能、企业管理、质量意识、法律法规等,培训要保持记录。

2. 企业对员工要定期进行考核或者考评,主要考核或评价其相关理论知识和实际操作技能。对处于实际生产岗位上的员工,考核可以以开展实际工作能力为主,考核后企业应当保持记录。

3. 对于谁是属于"从事影响产品质量工作的人员"企业要作出明确的划分,并建立相关人员名册。一般来讲,设计、工艺、采购、生产、检验、保管、维修、服务等部门的人员都与影响产品质量有关。

第十一条　从事影响产品质量工作的人员,企业应当对其健康进行管理,并建立健康档案。

条款理解:本条款是对第十条的补充,表述在员工管理中,要重视健康管理。部分医疗器械因为可以直接与患者的血液组织接触或者植入在人体内部,所以需要保持无菌的状态。而医疗器械的无菌状态需要在生产过程中进行控制,除了原材料、设备、环境等因素外,人是一个十分重要的因素,不允许生产产品的员工因为患有传染病,而将传染病的病菌或病毒而影响产品,所以要进行健康管理。

另外,在医疗器械生产的过程中,有些高分子材料或者生物材料在生产中会用到各种有毒有害的物品或者本身具有一定的生物危害,这些物品会对人体造成危害,所以需要采取防护措施。在这种情况下,也要对员工采取健康管理。

要点说明：

1. 不是所有的员工都要进行健康管理(福利体检除外),只有出现了需要进行无菌生产管理或者需要保护员工身体健康的情况,需要采取健康管理措施。

2. 企业可以建立需要进行健康管理人员的名册,并按管理规定定期开展健康检查,并保留检查的结果。要防止健康检查证的有效期过期,要防止对突然招聘的员工不进行体检就上岗工作。

3. 体检检查的内容,可以根据企业生产产品的特点所决定,主要以防止传染病为主。

对于采用无菌加工技术生产的医疗器械产品,即产品加工后不再采取灭菌措施的无菌医疗器械,对生产者的健康要求应当有特别规定。比如,在员工患病期间可以主动提出不上岗操作等。

第三章　厂房与设施

　　厂房和设施,在质量管理体系中属于"资源管理"的重要内容。《医疗器械监督管理条例》第二十条规定：从事医疗器械生产活动,应当具备与生产的医疗器械相适应的生产场地、环境条件、生产设备以及专业技术人员。本章所提到的厂房和设施就是上述《条例》中提到的生产场地和环境条件。所以,从法规的层面讲,企业达不到本章所规定的内容,就可能达不到医疗器械生产许可的规定条件。

　　我们一直强调医疗器械生产的多样性,很难会确定一种生产模式,所以对每个具体的企业的基本生产场地和环境条件也不会完全统一。为了规定一个可以参照的目标,所以在实施《医疗器械生产质量管理规范》时,采用了1+X的做法,这里的"X"就是制定适合特定产品的管理要求。所以,如果通过一系列充分的验证或者参考相关的标准规定,确认对一些相同的医疗器械生产,规定了必须达到一定标准或者要求的生产场地和环境条件,并以规范性文件的形式(比如各类规范的实施附录)予以公布,那么企业就应当按照法规的要求去实施。比如,现在对不同的无菌医疗器械产品、体外诊断试剂产品就规定一系列不同等级要求的净化生产车间的要求,那么只要生产这类产品的企业就应当达到规定的要求。

　　在本《规范》的文本中,并没有具体的厂房与设施的规定,主要是规定了要求和管理措施。所以,在实施时,企业必须参考相关的规范附录或者有关标准所规定的内容。

　　第十二条　厂房与设施应当符合生产要求,生产、行政和辅助区的总体布局应当合理,不得互相妨碍。

　　条款理解：本条款可以理解为对企业总体布局的基本要求,涉及生产、行政、辅助用房,原则是"符合生产要求"。何为生产场所"合理"?目前并没有任何法规文件对生产厂房的面积作出规定,但是,一般来讲企业面积的设置应当做到面积适当,功能齐全,布局合理,区划清晰,互不妨碍,安全保障,环保达标,并且应当为生产规模的发展留有一定的余地。

面积适当。就是企业规划确定的生产数量、规模,生产的流程、工艺,需要的辅助场所、功能等都应当得到满足,并留有一定的余量。

功能齐全。就是企业从研发开始,到采购仓储、生产加工、中间存放、设备设施安装运行、生产检验和成品检验、成品仓储和运输、行政管理、辅助管理、员工更衣辅助清洁等,这些基本的生产活动的功能都应当具有。

布局合理。从大的角度看,行政、生产、仓储、检验、辅助、生活区域应当具有,且相互区分,不会混杂,不会干扰和影响。特别是物流流向清晰,物流通道顺畅,不会与人流方向相互交叉、相互影响。另外,有特殊影响的生产环节都能避免影响其他生产。比如,高温处理、表面处理、喷砂处理的安排不能对精密、清洁的生产有影响;有震动的生产不能对精细生产有影响;体外诊断试剂中进行PCR扩增时,气溶胶不能对生产环境有影响等。

区划清晰。要求在生产平面图上对生产区划标识清楚,同时尽可能地在生产现场用各种划线、标识牌、颜色等对不同的生产功能区域进行区划。

互不妨碍。就是按照前面所述,充分考虑生产实际中可能会产生的各种干扰因素,防止相互影响。

安全保障。安全生产是必须考虑的第一要素,所以对每个生产岗位的设置,都应该考虑确保生产过程中的安全因素。比如,生产操作的作业空间应该多大,在生产过程中物料暂时存放的空间应该多大,如果发生意外时,操作工人避险或者逃生的空间应该多大等,这些都会影响生产面积的大小。

环保达标。这是法律法规的规定,应当参考相关规定,正确选择生产场所应当具有的面积。

要点说明:

1. 生产场地的确定,应当按照所生产的产品特点决定,并参考本《规范》第十三条要求。行政场所的确定根据企业生产规模和组织结构决定。对于辅助场所,一般要考虑仓储(原料、零部件、内包装材料、外包装材料、中间品、半成品、成品、返修品或不合格品等储存),空气、水、环境等辅助设备,检验或试验场所,消毒灭菌场所,产品留样,工作物品的清洗保存,运输和产品防护等因素。

2. 不允许企业把生产场所选择在居民住宅、商业办公楼、农村宅基地或农业养殖业用房内,对于商工两用楼房的使用,对企业可能对周边造成影响的,应当说明清楚,并征得利益相关人的同意。所谓"征得利益相关人的同意",一般要通过厂房的物业管理部门,将所建企业的情况告知其他企业,征得其他企业的同意。建立医疗器械生产场所要远离严重环境污染的场所,严重污染环境会影响医疗器械的生产。

> 第十三条　厂房与设施应当根据所生产产品的特性、工艺流程及相应的洁净级别要求合理设计、布局和使用。生产环境应当整洁、符合产品质量需要及相关技术标准的要求。产品有特殊要求的,应当确保厂房的外部环境不能对产品质量产生影响,必要时应当进行验证。

条款理解: 本条款提出的是对企业内部生产场所(即厂房和设施)的要求。由于医疗器械产品十分繁复,生产过程不尽相同,所以条款中强调了按照产品特点、工艺流程进行合理设计,生产厂房的要求应当根据企业的产品实际生产要求,进行必要的试验、验证、调整来满足生产的需求。

确定、提供和维护生产场所和设备,是为了生产产品质量达到和符合产品技术要求。不同的产品,对厂房和设备的要求差异很大,企业应根据产品特点明确要求。对医疗器械生产的基础要求,企业可以通过风险分析,提出应当采取的相应措施,从而降低风险因素。如果确定工作环境条件对产品的质量会产生明显的不利影响,企业应当制定程序文件或管理制度以及作业指导书,以明确工作环境要求并监视和控制工作环境。

在前述条款中,已经做了许多分析,说明了生产布局时应当考虑的因素,本条款同样适用。这里再说明一些特殊要求。

要点说明:

1. 对有些具有共同特性的医疗器械,比如无菌医疗器械、植入性医疗器械、体外诊断试剂、口腔定制义齿等,国家食品药品监督管理总局已经组织制定了相应的实施细则。在这些细则中对生产车间的净化环境如果提出了十分明确的要求,那么相关生产企业就应当达到规定的要求。

2. 关于结合产品特点确定无菌洁净车间设置的原则。在无菌和植入性细则的附录中就提出:

（1）无菌医疗器械生产中应当采用使污染降至最低限的生产技术，以保证医疗器械不受污染或能有效排除污染。

（2）植入和介入到血管内及需要在万级下的局部百级洁净区内进行后续加工（如灌装封等）的无菌医疗器械或单包装出厂的配件，其（不清洗）零部件的加工，末道清洗、组装、初包装及其封口等生产区域应不低于 10 000 级洁净度级别（例如血管支架、封堵器、起搏电极、人工血管、血管内导管、支架输送系统等等）。

（3）植入到人体组织、与血液、骨髓腔或非自然腔道直接或间接接入的无菌医疗器械或单包装出厂的配件，其（不清洗）零部件的加工、末道清洗、组装、初包装及其封口等生产区域应不低于 100 000 级洁净度级别（例如起搏器、药物给入器、乳房植入物、人工喉、经皮引流管［器具］、血透导管、血液分离或过滤器、注射器、输液器、输血器、骨板骨钉、关节假体、骨水泥等）。

（4）与人体损伤表面和黏膜接触的无菌医疗器械或单包装出厂的（不清洗）零部件的加工、末道精洗、组装、初包装及其封口均应在不低于 300 000 级洁净室（区）内进行（例如无菌敷料、自然腔道的导管、气管插管、无菌保存器具和、其他标称为无菌的器具等）。

（5）与无菌医疗器械的使用表面直接接触、不清洗即使用的初包装材料，其生产环境洁净度级别的设置宜遵循与产品生产环境的洁净度级别相同的原则，使初包装材料的质量满足所包装无菌医疗器械的要求，若初包装材料不与无菌医疗器械使用表面直接接触，应在不低于 300 000 洁净室（区）内生产（部分需要而达不到 100 000 及以上洁净度要求生产的内包装材料，企业采购以后要进行必要的清理、灭菌、验证处理）。

（6）对于有要求或采用无菌操作技术加工的无菌医疗器械（包括医用材料），应在 10 000 级下的局部 100 级洁净室（区）内进行生产（例如源自动物组织的产品封装、血袋灌注保养液等）。

3. 对于无菌厂房的设计建造，建议参考 GB50457—2008《医药工业洁净厂房设计规范》的规定。比如：（1）阳性对照、无菌检查、微生物限度检查等实验室应当分开设置。（2）无菌检查室、微生物限度检查室应为无菌洁净室，其空气洁净度等级不应低于 10 000 级，并应设置相应的人员净化和物料净化设施。（3）上述实验室的净化空调系统应与产品生产区分开。（4）阳性对照室不应利用回风，室内空气应经过滤后直接排至室外（直接排至室外的气体一般要设置空气过滤处理装置以保护环境，所以，一般建议根据阳性对照菌种的情况采用适当的生物安全柜处理)。

4. 其他医疗器械产品生产对生产场所的要求,目前没有明确的规定,但是某些生产安全和保证产品质量的因素是必须考虑的,比如防静电、防尘、防化学腐蚀、防电磁干扰、防辐射、防潮防霉,以及防热防爆等。如果在生产过程中产生或者受到这些因素影响,企业应当在管理制度上作出明确规定,并采取相应的措施。

5. 对于本《规范》条款中提到"必要时应当进行验证"。我们必须充分认识到,这种验证有时是很难进行的,并且没有统一的标准。所以,生产质量体系检查员一般不要随便提出验证的要求。有时进行环境和设施的验证需要采用国家标准规定的方式。比如对无菌医疗器械净化厂房的验证,就是按照 YY0033—2003《无菌医疗器具生产管理规范》标准的要求进行监测,一般新建厂房需要有第三方机构的监测报告。而在平时,企业应当能够自我监测。企业进行自我监测时,要严格按照行业标准的要求,采用规范的操作规程,特别要注意防止检测过程中的系统误差。又如对辐射防护厂房的要求,一般在改造完成以后要经过劳动防护部门检测。

> **第十四条** 厂房应当确保生产和贮存产品质量以及相关设备性能不会直接或者间接受到影响,厂房应当有适当的照明、温度、湿度和通风控制条件。

条款理解: 本条款主要的意义在于生产厂房不能对产品质量造成影响,以及规定厂房在照明、温度、湿度和通风控制条件要"适当"。对产品质量的影响分为直接或者间接的,比如净化车间的温度、湿度就会形成对生产产品的直接影响,通风不良会形成对微生物过滤效果的降低等;又如,有害气体的排风口处在空调系统的进风口处,就会对产品造成间接影响的。另外,对生产造成影响,除了本身厂房和设备以外,室外气候的影响和其他相邻工厂也会产生影响。

要点说明:

1. 企业要根据产品的特性,通过风险分析,分析生产厂房会对产品质量造成影响的因素,根据分析的结果提出相应的要求,采取相应的措施。

2. 在一般情况下对厂房的照明、温度、湿度和通风控制条件等,企业可以根据产品特点作出相应的规定。所作出的规定应当"适当",并可以达到。企业要防止在文件中随意规定相关的控制指标;或者没有确定环境控制的数值偏差范围,而在实际生产中又达不到的规定要求,不符合产品生产的实际需要。对无菌医疗器械生产厂房的照明、温度、湿度和通风控制条件,可以参考 GB 24461—2009《洁净室用灯具技术要求》以及 YY0033—2003《无菌医疗器具生产管理规范》等标准。

第十五条 厂房与设施的设计和安装应当根据产品特性采取必要的措施,有效防止昆虫或者其他动物进入。对厂房与设施的维护和维修不得影响产品质量。

条款理解: 本条款同样提出生产厂房和设施不能对产品质量造成影响,并且还具体落实在防止昆虫和动物上,以及对厂房和设施的维修这两个方面。

要点说明:

1. 防止昆虫和动物是要采取具体措施的,特别是对经常开启的厂门、排水、排气的通道、原料仓库的通道等,都要采取灭虫灭鼠、防止飞虫进入车间的措施,并且要经常检查所采取措施的效果。

2. 在厂房和设施的维修过程中,企业应当停止生产。维修结束后要进行清洗,无菌厂房还应当进行环境检测。在医疗器械生产活动的组织中经常有一种情况,就是一个产品或者一条流水线生产后,产品可以销售很长时间,所以生产活动是间歇性的。本条款实际也提出了对间歇性生产的净化车间管理的要求。除了在每次结束生产后要进行清场和清洁,在每次生产前必须对车间进行清洁以外,由于在一段时间停止生产以后,突然启动空气净化系统等会引起尘埃粒子数量的激剧升高,所以企业应当通过检测验证,确定需要经过多长的开机启动后,方能正式投入生产使用。必要时,还应当进行环境检测。

3. 对有些可以直接影响产品质量的设备维修以后,除了进行必要的清洁和消毒以外,还应当进行必要的验证或者确认,以确定维修后不会对产品造成影响。比如,对水处理系统进行清洗后,可以采样进行水质检验;又如对输送原料的管道进行清洗后,应当检验最早的输出物等。

第十六条 生产区应当有足够的空间,并与其产品生产规模、品种相适应。

条款理解: 本条款表述的是生产区域面积要"适应"。请参阅本《规范》第十二条的"条款理解"和"要点说明"。

第十七条　仓储区应当能够满足原材料、包装材料、中间品、产品等的贮存条件和要求，按照待验、合格、不合格、退货或者召回等情形进行分区存放，便于检查和监控。

条款理解：本条款表述的是对仓储区域的基本要求。请参阅本《规范》第十二条的"条款理解"和"要点说明"。物料的储存和管理是生产质量管理的重要内容。物料的储存保管，原则上应以物料的属性、特点和用途等因素规划设置仓库，并根据仓库中保管物品的品种分类，以及区分待验、合格、不合格、退货或者召回等情形划分区域，合理有效地使用仓储面积。在仓储管理中要考虑安全、质量、分类、检验、计量、台账、保管、环境等因素。鼓励企业采用现代物流的管理模式。

要点说明：

1. 各种物料的储存条件，是根据物料的储存特性来决定的。比如，是否需要冷冻、冷藏、阴凉、通风、防尘、防水、无菌、防堆垛、防静电等。如果需要具有一定的条件来满足这些需求，企业就应当考虑一下这些管理因素：一是要有保证达到规定要求的措施；二是要有检查和监测达到规定要求的方法；三是要经常进行检查和监测并保持相关的记录。在仓储管理中，除了定期检查物料保存的条件和有效性外，如果发现储存条件可能造成物料损坏的因素，必要时需要对物料进行复验或者复测。

2. 各种物料存放的管理要求，是企业仓储管理的重要内容，应当制定管理制度。仓储管理制度要考虑的管理因素有：一是要求对待验、合格、不合格、退货或者召回等情形进行分区存放；二是对不同的物料实行分库或分区存放；三是建立严格的物料入库查验手续；四是要求库存物料的标识或标签清晰；五是建立物料库存台账，确保帐卡物一致；六是鼓励采用计算机等先进的管理技术。

3. 企业要特别重视直接与产品接触的内包装材料的储存。如果是无菌医疗器械的内包装材料，除了在生产包装材料时要有与无菌产品相同的无菌生产环境等级，还必须储存在专门的区域，不能污染内包装材料。如果对内包装材料开封进行检测以后，还必须重新包装封闭。内包装材料进入生产车间使用前还要进行缓冲和脱包装处理。

第十八条 企业应当配备与产品生产规模、品种、检验要求相适应的检验场所和设施。

条款理解：本条款表述的是检验场所和设施的基本要求。《医疗器械监督管理条例》第二十条规定：从事医疗器械生产活动，应当具备对生产的医疗器械进行质量检验的机构或者专职检验人员以及检验设备。

这里讲的检验场所，包括对医疗器械产成品的检验场所，以及生产过程中进行阶段性检测的场所。由于医疗器械产品的复杂性，在何地进行检测，无法统一规定。比如，大型仪器设备可能在装配现场检测；具有防护辐射的产品可能在辐射屏蔽室内检测；无菌医疗器械的无菌检测需要有无菌检测室和阳性对照试验室等。但是，既然有建立检验机构的要求，企业还是应当考虑检验的场所、检验仪器保管的场所、检验资料保管的场所和检验人员工作学习的场所，并在文件中予以规定。

这里讲的设施，应当包括满足产品技术要求而配备的检测仪器设备，也应当包括满足检测环境条件而必须配备的环境设备和辅助设备。同样，如果缺少这些设施，将不能满足开展技术检测的基本条件。具体的内容，是由企业根据产品和检测技术要求来选择。

要点说明：

1. 企业在生产布局（生产场所平面图、工艺流程图）中应当标识检验场所。具体的检验场所应当根据产品的规模、品种、工艺特点、检测技术等决定。比如，有实验室检验的、有流水线上检验的、有生产现场检验的，甚至还有外包的专业检验。企业在文件中应规定检验的方法和场所，在检验现场应有明显的标识。

2. 这里的设施主要是指检验场所的设施。检验场所的环境要求需要由具体设施和设备来保证。比如，对无菌环境、温度湿度、防止震动、防静电、防辐射、防微生物污染等，以及实验室用水、用气等，都应采用相应的设施和设备。对这些设施和设备的采购、安装、调试、验证、使用等具体的要求，企业应当在管理文件中做出规定，并保证设备完好，确保达到检验场所符合规定的要求。

3. 我们不但要重视检验场所和检测设施的配备，并适应产品的生产，更要重视对检验场所的维护，重视对检测设施的维护和运行。为此，企业要建立相应的管理制度，规定具体的设定、配置、运行、维护、检查、记录等措施，确保不会因为存在检测设施不准确的因素而影响对产品质量的最后控制。

第四章　设　　备

　　本章所表述的内容很广泛，设备的范围，包括生产设备、辅助设备、检验设备、计量器具、工艺装备等。现代制造业主要依靠设备来保证产品生产的质量，先进设备可以防止和纠正人工作业容易发生的错误。计算机和网络技术发展以后，各种设备更加先进，以至于工业制造技术已经进入到自动化、机器人、计算机和互联网的4.0时代。但是，使用先进设备组织生产以后，对设备管理的要求更高，否则一旦发生错误也会引起成批质量问题。

　　设备管理是一门学科，一般的企业应当确定专门人员管理设备。设备管理人员具有对设备复杂性的认识和设备管理的基本知识，熟悉各种设备的功能、性能、型号、参数和使用的要求。设备管理人员要具有对设备运行可控性和维护校准时效性的认识，任何设备从采购、安装、使用以后都有进行维护、校正，确保设备具有完好的、满足性能的时效问题。设备管理需要建立设备台账，建立设备的基本信息、参数数据、维修维护的记录，和计量校准的提醒功能。必要时，要建立对设备采购安装、维护使用，以及定期监测的程序，并保留记录，确保设备的完好性。所以，检查中，对设备的管理除了查看现场以外，还要检查设备管理台账和管理记录。

> **第十九条**　企业应当配备与所生产产品和规模相匹配的生产设备、工艺装备等，并确保有效运行。

　　条款理解：本条款也是《医疗器械监督管理条例》所规定的医疗器械生产许可的基本条件。生产设备和工艺装备是作为企业生产活动的基本资源，应当得到保证。对于生产设备和工艺装备除了配备有与生产活动相匹配的生产设备、工艺转杯以外，保持其完好性，能够在生产活动中得到有效运行，确保加工的产品质量就显得更加重要。

在质量管理体系的核查中,检查生产现场的设备和装备是必不可少的。但是,对生产设备我们无法用统一的眼光提出要求,能否满足生产只能观察所生产产品的最终质量。但是,对生产设备和工装的管理,确实是可以提出明确要求的,是可以有统一要求的。因为即使有好的设备,没有科学、有效的管理,也会影响产品的质量。本条款的主要理解应当是对设备和装备的质量管理。

要点说明:

1. 由于医疗器械生产的复杂性,所以一般不会规定需要什么具体的设备和工艺装备。同样一种医疗器械产品,用手工装配和用流水线装配或者用自动装配则所需要的设备名称、设备型号、管理要求、生产结果是完全不一样的。所以,本条款的关键在于"相匹配"和"有效运行"。为此,企业应当建立设备和装备的台账,表明在生产工艺过程中所用设备的名称、设备的型号等。设备台账要记录设备的名称、型号、主要参数等,要记录设备的完好性,以及维修和保养、校正时间和过程等,确保能够提供核查。

2. 企业在进行管理评审时,要评价设备和装备的适宜性、充分性、有效性。如果发现问题,就应当采取措施。比如,如果生产数量增加,生产规模扩大,生产设备不够时,就应当评审是否要增添设备。

3. 企业随着生产规模扩大或者采取更加先进的生产方式和设备时,应当对新采用的设备和工艺装备进行必要验证,以验证对产品质量没有影响并能达到预期的使用目的。

4. 一般情况下,行政审批产品注册或生产许可时不会规定采用什么设备或者什么加工方式,主要是在企业的内部文件或者工艺文件中规定相适应的设备。在特殊的情况下,往往会对某些强制计量检定设备或者设备的功能,在标准或者规程中予以规定,这时企业应当特别关注,制定特殊设备的清单,进行管理。

第二十条 生产设备的设计、选型、安装、维修和维护必须符合预定用途,便于操作、清洁和维护。生产设备应当有明显的状态标识,防止非预期使用。

企业应当建立生产设备使用、清洁、维护和维修的操作规程,并保存相应的操作记录。

条款理解:本条款要求对生产设备做好维护和保管。如前所述,设备的选择是企业根据生产工艺和生产规模决定的,没有统一规定。但是设备的采购、维护和保管则是质量管理中需要形成制度并长期维持的。这些制度和记录都应当持之以恒,相关记录应当保留一定的时间。

设备的标识是为了保证正确使用而采取的措施。比如,要防止加料的混料、防止管道的误用、防止未经清洗的设备投料使用、防止失准的设备生产产品等,都需要看清设备的状态标识后方能使用。如何建立设备的标识,需要企业根据产品的特点自行规定。

设备使用、清洁、维护和维修的操作规程是维护设备,确保设备有效性的重要管理措施。这也是企业在配备了生产设备以后,最主要的质量管理内容。

要点说明:

1. 设备安装是保证设备性能的主要因素。设备安装必须按照相关文件要求进行,某些设备还需要一定的环境条件,如温度、湿度、防震、防尘、无菌以及环境保护等。设备安装完成以后,应当按规定进行检验和校正,并通过实验验证确认设备达到预定用途。设备的维修和维护也同样要通过实验验证确认设备达到预定用途。

2. 设备便于操作和清洁是基本要求,特别是无菌生产环境下的设备运行时,不能对环境造成污染,比如甩出的润滑油、排出的废气、加工的废料等。无菌生产在与非洁净环境连接部分(比如管道、排风、送料等)必须进行密封处理。

在无菌生产环境下,进行设备清洁时,要选择合适的清洁剂。清洁剂不能对产品造成危害。如果使用消毒剂,应当验证消毒剂的有效性,并且定期更改消毒剂,防止细菌的耐药性,

3. 设备的状态标识,包括设备处于"完好"、"维修"、"停用"等状态,管道的流动方向,特殊输送物料的名称或色标等,状态标识能够保证对设备的正确使用,防止误用误操作。

4. 重要的精密设备应当建立使用记录,比如对万分之一精密天平,在使用中,需要记录使用的时间、用途、使用者,这样在万一精密设备发生问题时,可以对既往所加工或者使用的情况进行追溯,补救可能造成的失误。

5. 建立重要设备的操作规程是企业在设备配备以后需要做的重要工作。设备的操作规程应当详细规定设备使用前检查、开机运行、操作步骤、使用规范、停机检查、维护保养、润滑清洁、注意事项等内容。操作规程往往需要张挂在操作岗位上。对使用设备的人员,应当进行必要的培训和考核。

> **第二十一条**　企业应当配备与产品检验要求相适应的检验仪器和设备，主要检验仪器和设备应当具有明确的操作规程。

　　条款理解：本条款也是《医疗器械监督管理条例》规定的医疗器械生产许可基本条件。检验仪器和设备同样是作为企业生产活动的基本资源，应当得到保证。检验仪器和设备有三类，一是按照国家和行业强制标准或产品技术要求，企业对产品出厂检验主要性能指标的检验设备，企业必须配备能够完成全部项目检验设备，完成全部检验后方能放行出厂。二是企业在产品制造过程中，为了生产过程控制所使用的中间检验仪器和设备。三是企业开展产品研究和试验而建立的检测实验室。为此，本条款的质量管理对这三类实验室都适用，但是作为按照法规进行许可核查的条件主要应当是指第一类检验仪器和设备。

　　要点说明：

　　1. 检测仪器和设备的安装是保证仪器和设备性能的主要因素。检测仪器和设备安装必须按照相关文件要求，某些设备还需要一定的环境条件，如温度、湿度、防震、防尘、无菌等要求。检验仪器和设备安装完成以后，应当按规定进行检验和校正，并通过试验验证确认仪器和设备达到预定用途。仪器和设备在搬运、调整、维修、维护和贮存期间需要防止损坏或失效，也同样可以通过试验验证来确认检测仪器和设备达到预定用途。

　　2. 为了确保检测仪器和设备的检测结果有效，而不至于误用损坏的检测仪器和设备，必须对检测仪器和设备进行状态标识。比如表示"完好"、"维修"、"停用"等，确定其校准的状态标识能够保证对仪器和设备的正确使用，防止误用误操作。重要的检验仪器和设备应当制定操作规程，并能确保使用者了解操作要求。

　　3. 为了防止检验仪器和设备在搬运、调整、存放过程中精度发生变化，可能使得测量结果失效，所以应当采取严格的管理措施。在使用监测仪器和设备时，如果发现测量结果有失效的可能，就应对以往测量结果进行有效性评价，或者应对该检验仪器和设备涉及的任何受影响的产品采取适当措施。这种评价可以对检测仪器和设备进行计量校准和鉴定以后进行复测，也可以启用其他的检测仪器和设备进行对照性检测，发现问题时应当采取严格的管理措施，包括分析原因、产品召回、纠正措施等。校准和验证结果的记录应予保持。

　　4. 当计算机软件用于规定要求的监视和测量时，不管是直接测量还是间接监视计算,都应当通过验证来确认其满足预期监视和测量的能力。这种确认应在初次使用前进行,必要时要进行再确认。

5. 建立检测仪器和设备的操作规程是防止不当使用操作而引起产品质量问题的一项重要工作。检测仪器和设备的操作规程应当详细规定检测仪器和设备使用前检查、操作步骤、使用规范、维护保养、校准鉴定、注意事项等内容。对使用检测仪器和设备的人员,应当进行必要的培训和考核。

第二十二条 企业应当建立检验仪器和设备的使用记录,记录内容包括使用、校准、维护和维修等情况。

条款理解: 本条款规定了检验仪器和设备的使用管理。重要的精密仪器和设备应当建立使用记录,记录使用时间、用途、使用者,保证万一在精密检验仪器和设备发生问题时,可以对既往所加工或者使用的情况进行追溯,补救可能造成的失误,也可以去追求相关人员的责任。

要点说明:

1. 企业应当建立检验仪器和设备的台账,对购进、使用、维护、维修、校准的时间、部门、内容、结果等进行记录。台账还可计划并提醒管理人员,进行计量校准的时间和内容。

2. 企业应当建立精密检验仪器和设备的使用记录,记录使用的时间、使用者、使用的内容和使用的结果等。不是所有的检验仪器和设备都要记录,主要是精密的检验仪器和设备。对于一般的检验仪器和设备,应当明确保管者和使用者。

第二十三条 企业应当配备适当的计量器具。计量器具的量程和精度应当满足使用要求,标明其校准有效期,并保存相应记录。

条款理解: 本条款是对检验仪器和设备中的计量器具作出的规定。

按照《中华人民共和国计量法》(全国人民代表大会常务委员会 1985 年制定并分别于 2009 年、2013 年和 2015 年进行了修订)规定,计量器具分为强制检定计量器具和非强制检定计量器具。强制检定计量器具的管理要符合强制检定制度。其范围为：国家对用于贸易结算、安全防护、医疗卫生、环境监测方面的列入强制检定目录的工作计量器具，实行强制检定。这种强制计量检定是由企业"向省级以上人民政府计量行政主管部门授权的计量技术机构申请计量检定。未按照规定申请检定或者检定不合格的，不得使用。计量检定必须执行计量检定系统表和国家计量检定规程。

对于没有列入强制检定的其他计量器具，使用单位应当自行定期检定或者送其他计量检定机构检定，县级以上人民政府计量行政部门应当进行监督检查。

要点说明：

1. 企业需要了解《中华人民共和国强制检定的工作计量器具检定管理办法》《强制检定的工作计量器具目录》的内容，专门为符合目录的计量器具建立台账，实行专门管理。由于强制检定的工作计量器具目录处在经常变更的情况中，而且目前的发展趋势是强制检定的工作计量器具目录包含的内容在逐步减少。所以，企业需要经常了解，随时调整。

2. 对企业自行进行校准的计量器具，应当建立相应的管理制度，设置专业计量管理人员，保持量值传递的准确性，保留管理台账和校准记录。必要时，应当委托有资质的第三方校验企业自检时用于传递量值的器具。自行进行校准的计量器具的校准周期可以根据使用的情况确定，并形成规定和记录，但一般不能超过 2 年。

3. 企业经过计量校正的计量器具应当有明显的校准有效期的标识，这样可以保证使用者在使用中知晓计量器具的有效性。目前，计量管理规定要求企业自行粘贴校准有效期标识，对此企业不能遗忘。

在此提供两个计量器具管理文件，供参考。

强制检定的工作计量器具实施检定的有关规定
（试行）

一、凡列入《中华人民共和国强制检定的工作计量器具目录》并直接用于贸易结算、安全防护、医疗卫生、环境监测方面的工作计量器具，以及涉及上述四个方面用于执法监督的工作计量器具必须实行强制检定。

二、根据强制检定的工作计量器具的结构特点和使用情况，强制检定采取以下两种形式：

1. 只作首次强制检定。

按实施方式可分为二类：（1）只作首次强制检定，失准报废；（2）只作首次强制检定，限期使用，到期轮换。

2. 进行周期检定。

三、竹木直尺、（玻璃）体温计、液体量提只作首次强制检定，失准报废；直接与供气、供水、供电部门进行结算用的生活用煤气表、水表和电能表只作首次强制检定，限期使用，到期轮换。

四、竹木直尺、（玻璃）体温计、液体量提，由制造厂所在地县（市）级人民政府计量行政部门所属或授权的计量检定机构，在计量器具出厂前实施全数量的首次强制检定；也可授权制造厂实施首次强制检定。当地人民政府计量行政部门必须加强监督。使用中的竹木直尺、（玻璃）体温计、液体量提，使用单位要严格加强管理，当地县（市）级人民政府计量行政部门必须加强监督检查。

五、第三项中规定的生活用煤气表、水表和电能表，制造厂所在地政府计量行政部门必须加强对其产品质量的监督检查，其首次强制检定由供气、供水、供电的管理部门或用户在使用前，向当地县（市）级人民政府计量行政部门所属或授权的计量检定机构提出申请。合格的计量器具上应注明使用期限。

六、除本规定第三项中规定的计量器具外，其他强制检定的工作计量器具均实施周期检定。

对其中非固定摊位流动商贩间断使用的杆秤，使用时必须具有有效期内的合格证，未经检定合格的杆秤，不准使用。

七、强制检定的工作计量器具的检定周期，由相应的检定规程确定。凡计量检定规程规定的检定周期作了修订的，应以修订后的检定规程为准。

八、强制检定的工作计量器具的强检形式、强检适用范围见《强制检定的工作计量器具强检形式及适用范围表》。

国家技术监督局一九九一年八月六日

关于企业使用的非强检计量器具由企业依法自主管理的公告

为落实《国务院办公厅关于印发国家质量技术监督局职能配置、内设机构和人员编制规定的通知》规定（国办发［1998］84 号），国家质量技术监督局决定对企业使用的非强制检定计量器具的检定周期和检定方式由企业依法自主管理的

有关事项,公告如下:

一、企业使用的非强制检定计量器具,是指除企业最高计量标准器具以及用于贸易结算、安全防护、医疗卫生、环境监测方面的列入强制检定目录以外的其他计量标准器具和工作计量器具。非强制检定计量器具的检定周期,由企业根据计量器具的实际使用情况,本着科学、经济和量值准确的原则自行确定。

二、非强制检定计量器具的检定方式,由企业根据生产和科研的需要,可以自行决定在本单位检定或者送其他计量检定机构检定、测试,任何单位不得干涉。

三、企业使用的最高计量标准器具,以及用于贸易结算、安全防护、医疗卫生、环境监测方面列入强制检定目录的工作计量器具,应当进行强制检定。未按规定申请检定或者检定不合格的,企业不得使用。

特此公告

国家质量技术监督局

一九九九年三月十九日

第五章　文　件　管　理

本章说的"文件"是指质量体系文件。企业的质量管理就是通过对企业内各种与产品质量有关的生产活动过程进行管理来实现的,因而就需要明确过程管理的要求、管理的人员、管理的职责、实施管理的方法以及实施管理所需要的资源,把这些用文件形式表述出来,就形成了该企业的质量体系文件。质量体系文件一般包括:质量手册、程序文件和管理制度、作业指导书和规程、产品质量标准、检测技术规范、质量计划、生产记录、质量报告等。质量体系文件是描述质量体系的一整套文件,是一个企业按照《规范》,建立并保持开展质量管理的重要基础,是质量体系审核和日常监督检查的主要依据。

本章所说的"文件"还应当包括产品生产的技术文件、生产记录等。技术文件的内容也是十分丰富,包括设计开发过程、设计开发用于生产活动的输出文件。生产记录包括产品生产过程记录、辅助性生产记录、产品放行记录等全部生产环节的文字记录。相对管理文件而言,技术文件的变动比较大,所以管理技术文件的程序也十分重要。这方面的管理要求将在设计和开发章节的设计变更条款中解释更详细。

企业的生产活动和质量管理中形成的文件是多种多样、十分丰富的,文件形成的过程和管理的方式、使用的对象不尽相同,由此首先需要形成对诸多文件本身的管理。这也就是企业要建立文件管理的程序,形成管理各种文件的程序文件。所以,本章既讲了通过文件来实现质量管理,也讲了对文件的管理要求。

企业的质量管理体系文件不会凭空产生,我们可以设想各种文件的来源,主要有:一是直接将质量管理的标准转化为本企业的质量管理的要求,比如按ISO13485等标准要求形成质量体系文件;二是总结自己的生产实践或者前人的工作经验,建立与生产实践活动相关的文件;三是学习和吸取其他企业的质量管理经验,借鉴其他单位的管理文件等。总之,质量管理体系文件既要符合相关法规规定建立,更要结合企业生产的实践和经验,企业要防止搞出一些不切实际的管理文件,或者照搬照抄其他企业管理文件,从而贻误企业实际需要的质量管理活动。

质量体系文件的作用非常重要,主要体现在以下几个方面:

(1)策划企业质量管理的路线图,给出确保达到质量目标的方法,界定管理部门职责和权限,协调管理部门之间的接口,使质量体系成为职责分明、协调一致的有机整体。

(2)确定开展质量体系审核的依据,无论是内部审核、管理评审,还是第三方审核,都通过文件来证明质量管理要求已经确定,质量管理过程已展开和实施,质量管理处于可控之中。

(3)提出质量管理持续改进的保障,通过文件确定工作实施及评价业绩,增强持续测量、改进结果的可比性和可信度,当把质量改进成果纳入文件,变成标准化程序时,成果可得到有效巩固。

(4)将文件作为培训全体员工的教材,以统一企业全体员工的质量意识和行为准则,提高产品生产的同一性和稳定性。

因此,质量体系文件具有以下的特性:法规性、制度性、策划性、适用性、追溯性等。法规性,就是说质量体系文件一旦批准实施,就必须认真执行,在《医疗器械监督管理条例》和《医疗器械生产监督管理办法》中提到的如果"企业没有建立或者没有实施质量管理体系",主要是指企业没有按照经批准的质量体系文件运行或者根本没有建立质量管理体系文件。所以,文件是评价质量体系实际运作的依据。制度性,说明文件是在企业内建立的一种制度。这种制度一旦建立,企业全体就必须完整执行,所以制定和发布文件需要建立程序,经过批准,专业管理,保持准确。策划性,说明文件具有计划、执行、检查、反馈的循环特点,同时文件不是一成不变的,经常修改文件就需要建立修改文件的程序制度。适用性,说明文件必须实事求是,适合实际需要,符合运行情况,真实记录事实,不能弄虚作假,不能言行不一。追溯性,说明文件具有记录事实、保存追溯的作用,要完整、仔细、详实、客观,对文件的保管、修改、变更、作废都应当有详细的规定。

对文件管理的要求,要根据企业具体情况进行编制,非常复杂。企业可以根据前人长期以来实践,可以参考提供的各种经验,组织编制。在编制文件时,一是要"写你所做的,做你所写的";二是要"该写的一定要写,写的一定要做,不要写过头话";三是要"集中人员读文件,实践过程中边读边做边修改"。

第二十四条　企业应当建立健全质量管理体系文件,包括质量方针和质量目标、质量手册、程序文件、技术文件和记录,以及法规要求的其他文件。

质量手册应当对质量管理体系作出规定。

程序文件应当根据产品生产和质量管理过程中需要建立的各种工作程序而制定,包含本规范所规定的各项程序。

技术文件应当包括产品技术要求及相关标准、生产工艺规程、作业指导书、检验和试验操作规程、安装和服务操作规程等相关文件。

条款理解: 本条款规定企业要编制质量管理体系文件、质量管理体系文件主要包含的内容。在质量体系文件中,我们重点要理解"质量方针"、"质量目标"、"质量手册"、"程序文件"等。

一、"质量方针"是由企业负责人正式发布的该企业总的与质量有关的宗旨和方向,是企业管理者对质量的指导思想和承诺,是企业经营总方针的重要组成部分。"质量方针"要反复讨论和修改,并形成文件,经企业负责人签发,保存在质量手册中,或者挂贴在企业内醒目之处供全体员工学习和执行。

二、"质量目标"是企业为质量管理提出一个可以考核检查的目标,为企业全体员工提供了其在质量方面关注的焦点和追求的方向。质量目标需要每年制定或者每年调整,经企业负责人签发后保留在质量手册中。质量目标是否实现或完成,需要在企业管理评审中进行评价。质量目标不断地提高可以表明企业质量水平的提升。

三、"质量手册"是根据企业的质量方针、质量目标,描述与之相适应质量体系的基本文件,提出对生产过程和质量活动的管理要求,是质量管理活动的依据。质量手册应当对企业质量管理体系的基本结构作出规定。"质量手册"体现了企业质量体系文件的总体面貌,编制"质量手册"可以参考《ISO9000 质量手册编制指导原则》所要求的质量体系文件,特别是包括或引用质量管理体系中的程序文件。

每个企业的"质量手册"的内容都可以不同。一般情况下,我们建议的"质量手册"主要包括以下内容:

1. 企业总的质量方针以及相关质量管理活动的重大政策;

2. 对企业的主要描述或者基本情况说明;

3. 对管理者代表、生产负责人、技术负责人、质量负责人的任命;

4. 企业的组织机构以及相关机构对质量管理的职责和权限;质量管理职责和权限可以用文件形式发布,也可以形成质量管理体系职责分配表(如下表所示,仅供参考)。

质量管理体系职责分配表

第 A/0 版　　　　　　　　　　　　　　　　　　　　　　　XX/QB01‑3.2

管理过程 ＼ 职责部门	总经理	管代	办公室	采购部	生技部	质检部	车间	仓库
4　质量管理体系	△	△	○	○	○	○	○	○
4.2.3　文件控制	○	○	△	○	○	○	○	○
4.2.4　记录控制	○	○	△	○	○	○	○	○
5.1　管理承诺	△	○	○	○	○	○	○	○
5.2　以顾客为关注焦点	△	○	○	△	○	○	○	○
5.3　质量方针	△	○	○	○	○	○	○	○
5.4　策划	△	○	○	○	○	○	○	○
5.5　职责、权限与沟通	△	△	△	○	○	○	○	○
5.6　管理评审	△	○	○	○	○	○	○	○
6.1　资源提供	△	○	○	○	○	○	○	○
6.2　人力资源管理	○	○	△	○	○	○	○	○
6.3　基础设施管理	○	○	○	○	△	○	○	○
6.4　工作环境管理	○	○	○	○	△	○	○	○
7.1　产品实现的策划	○	○	○	○	△	○	○	○
7.2　与顾客有关的过程控制	○	○	○	△	○	○	○	○
7.3　设计和开发控制	△	△	○	○	○	○	○	○
7.4　采购控制	○	○	○	△	○	○	○	○
7.5　生产和服务控制	○	○	○	○	△	○	○	○
7.6　监视和测量装置控制	○	○	○	○	○	△	○	○
8.2.1　顾客满意度测试	○	○	○	△	○	△	○	○
8.2.2　内部审核控制	○	△	△	○	○	○	○	○
8.2.3　过程和产品的监视与测量控制	○	△	○	○	○	△	○	○
8.3　不合格品控制	○	○	○	○	○	△	○	○
8.4　数据分析控制	○	○	△	○	○	△	○	○
8.5　纠正预防和改进	○	△	○	○	○	○	○	○

注:△责任部门　○合部门

编制:　　　　　　　　　　　批准:　　　　　　　　　　20××‑05‑28

5. 按照质量体系要求制定管理制度或者按照本《规范》的要求编制程序文件。在企业《质量手册》中,可以将质量体系的程序文件直接集中汇编,或者分成一组或一部分质量体系程序文件分册,或者针对特定设施、职能、过程或合同要求所选择的一部分程序文件等多种形式。一般来讲,根据 ISO13485 的章节结构或者根据《医疗器械生产质量管理规范》的章节结构排列文件是一种比较清晰的组合排列方式。

6. 在企业质量体系活动中产生的其他形式的重要文件,或者派生出来的其他重要文件,也可以组合在质量手册中。

四、"程序文件"的作用。程序是为完成某项活动所规定的方法,描述程序内容、过程、要求的文件称为程序文件。在质量体系中的各种活动中,需要明确各个活动过程的行动准则及具体程序。为此,需要根据确定的程序编制各种制度化的文件,这些文件就是"程序文件"。

编制程序文件的目的,一是为了对影响质量的各项活动作出规定;二是规定活动的方法和评定的准则,使各项活动处于受控状态;三是阐明与活动有关人员的职责、权限、相互关系;四是作为执行、验证和评审质量活动的依据;五是为了将程序实行的情况留下证据。因此,程序文件的格式,应当至少包含这些内容。

编制程序文件要求,所有的书面程序都应简练、明确和易懂,并规定所采用的方法和合格的准则。以下给出《ISO 13485 标准要求形成文件的程序清单》,可以作为参考。

根据医疗器械行业的特点,ISO13485 标准要求形成文件的程序、作业指导书或要求有 20 多处,它们是:

1. 文件控制程序(4.2.3);

2. 记录控制程序(4.2.4);

3. 培训(6.2.2 注);

4. 基础设施维护;工作环境(6.4);

5. 风险管理(7.1);

6. 产品要求审核程序(7.2.2);

7. 设计和开发程序(7.3.1);

8. 采购程序(7.4.1);

9. 生产和服务提供的控制程序(7.5.1.1b)、(7.5.1.2.1)、(7.5.1.2.2)、(7.5.1.2.3);

10. 计算机软件确认程序及灭菌过程确认程序(7.5.2.1)；

11. 产品标识程序(7.5.3.1)；

12. 可追溯性程序(7.5.3.2.1)；

13. 产品防护的程序或作业指导书(7.5.5)；

14. 监视和测量装置控制程序(7.6)；

15. 售后质量反馈系统程序(8.2.1)；

16. 内部审核程序(8.2.2)；

17. 产品监视和测量程序(8.2.4.1)；

18. 不合格品控制程序(8.3)；

19. 返工作业指导书；数据分析程序(8.4)；

20. 忠告性通知发布和实施程序(8.5.1)；

21. 不良事件报告程序(法规要求时)(8.5.1)；

22. 纠正措施程序(8.5.2)；

23. 预防措施程序(8.5.3)。

质量管理体系文件,还包括技术文件和记录,以及法规要求的其他文件。这些文件一般不放在《质量手册》中。特别是技术文件,可以根据不同的产品单独成册。有关记录文件的要求在后面表述。

为了使质量体系有效运行,就要设计一些实用的表格和给出活动结果的报告,这些表格和结果报告,汇总之后,就形成了质量活动记录,可以作为质量体系运行的证据。

要点说明：

建立一个好的质量管理体系文件对企业保持质量体系有效运行十分重要,建议在建立质量体系文件时,要注意以下基本要素：

系统性。企业应对其质量体系中采用的全部要素、要求和规定,有系统、有条理地制定成各项制度和程序,所有的文件应按规定的方法编辑成册,保持各层次文件应分布合理,当各层次文件分开时,有相互引用的内容,可附引用内容的条目。下一层次文件的内容不应与上一层次文件的内容相矛盾,下一层次文件应比上一层次文件更具体、更详细。

协调性。体系文件的所有规定应与公司的其他管理规定相协调；体系文件之间应相互协调、互相印证；体系文件应与有关技术标准、规范相互协调；应认真处理好各种接口,避免不协调或职责不清。

唯一性。对一个组织,其质量体系文件是唯一的;通过清楚、准确、全面、简单扼要的表达方式,实现唯一的理解;绝不许对同一事项的相互矛盾的不同的文件同时使用;不同组织的文件可具有不同的风格。

适用性。遵循"最简单、最易懂"原则编写各类文件;所有文件的规定都应保证在实际工作中能完全做到;追求"任何时候、任何部门都适用"的文件是荒谬的,不可能的;编写任何文件都应依据标准的要求和企业的现实;发现了文件的不适合情况,应立即按规定程序修改。

质量手册的应用。其包括,用于质量管理的目的时,可称为质量管理手册,质量管理手册仅为内部使用;用于质量保证的目的时,可称为质量保证手册,质量保证手册可用于外部目的。

五、"技术文件"的内容。本条款提出:技术文件应当包括产品技术要求及相关标准、生产工艺规程、作业指导书、检验和试验操作规程、安装和服务操作规程等相关文件。有关技术文件的详细表述,请参考设计输出和设计转换的要求。"技术文件"的内容,也是在质量管理体系检查中最容易产生歧义的。这是因为,产品的品种和生产工艺的不同,"技术文件"肯定是不一样的,也不会有统一要求。检查中评判的标准是适用性、完整性、有效性三个要素。企业的技术部门要能够证明并说明实际生产中的每一个技术环节中的要求和规定。

> **第二十五条** 企业应当建立文件控制程序,系统地设计、制定、审核、批准和发放质量管理体系文件,至少应当符合以下要求:
>
> (一)文件的起草、修订、审核、批准、替换或者撤销、复制、保管和销毁等应当按照控制程序管理,并有相应的文件分发、替换或者撤销、复制和销毁记录;
>
> (二)文件更新或者修订时,应当按规定评审和批准,能够识别文件的更改和修订状态;
>
> (三)分发和使用的文件应当为适宜的文本,已撤销或者作废的文件应当进行标识,防止误用。

条款理解: 本条款提出对文件管理的要求。如前所述,在质量管理体系中文件的作用非常重要,而且文件的种类内容非常之多,所以文件的形成和发布是个完全的程序过程,所以提出建立文件控制程序,并将有关程序过程形成文件管理制度。本条款具体规定了文件制定、发放、修订、作废的要求。

要点说明：

1. 企业的文件管理制度主要涉及以下这些内容：（1）文件的制定或者修订中的起草、审核、批准过程；（2）文件的发布、替换或者撤销、复制、保管和销毁等过程的审核、批准；（3）文件的格式、编号、版本、标识、关联等必须统一的规定，防止企业中文件种类和格式的混乱；（4）文件的管理和保存，并有相应的文件分发、替换或者撤销、复制和销毁记录等。

2. 企业编制和发放文件，应当关注文件的有效性。为此，在文件发布、更新或者修订时，应当按规定评审和批准，能够识别文件的更改和修订状态。文件的评审方式由企业自主规定，不同的文件有不同的评审方式，对此不必强求。但是文件的评审和批准，在文件运行档案中都应保留记录。

3. 在企业生产和管理现场，分发和使用的文件应当为适宜的文本。所谓"适宜"，就是现行有效的"受控"文件。"受控"文件并不仅仅是有一个标记，其一是说明"受控"文件处在有效版本中，其二是说明"受控"文件适用当前的场合。"受控"文件如果因为时效和场合发生变化而不适用了，就应当及时撤销或者作废。已撤销或者作废的文件应当进行标识，防止误用。如果在现场核查中发现同一事件有两个以上"受控"文件，就应当引起重视，分析原因。

4. 在质量管理体系中，文件的发放范围广泛，文件的种类复杂，文件使用的期限很长，所以为了管理好文件有许多技巧，大家可以相互学习。比如，对文件的标号、不同修改版本的标识、文件的标题栏、基本文件的格式要求、文件发放程序、文件的批准修改发放记录等，都可以研究，并采取相应的措施。

第二十六条 企业应当确定作废的技术文件等必要的质量管理体系文件的保存期限，以满足产品维修和产品质量责任追溯等需要。

条款理解：本条款规定对作废文件的处置要求。由于质量文件的种类很多，如管理文件、程序文件、技术文件等，各种文件的处置要求也不一样。一般来讲，管理文件、程序文件作废后，将有新文件替代或者废止，所以主要是作为档案留存，在使用现场不应该有这些文件存在。而技术文件的情况比较复杂，比如可能某个型号的产品已经不生产或者变更了，但是已经生产过的这种产品依然在使用，并可能发生需要维修的问题。所以，技术文件的保存需要满足产品维修和产品质量责任追溯等需要,同时技术文件也是后续产品改进的基础资料。一般来说,技术文件需要长期保存。

要点说明: 在文件控制程序中规定技术文件的保存或者保存期限并不难。主要的问题是在技术文件已经作废或者停止生产以后,如何在产品维修和产品质量责任追溯中继续使用管理,并且不与现行生产产品的技术文件相混淆。为此,对作废的技术文件的标记十分重要,除了"作废"标记外,还应当对设计的产品型号规格、文件限定的使用范围等进行明显标记,比如标记"仅限于维修用"等。"仅限于维修用"的技术文件的发放范围、保管的人员、使用的限制等,企业可以根据具体情况予以确定。

> 第二十七条　企业应当建立记录控制程序,包括记录的标识、保管、检索、保存期限和处置要求等,并满足以下要求:
>
> (一)记录应当保证产品生产、质量控制等活动的可追溯性;
>
> (二)记录应当清晰、完整,易于识别和检索,防止破损和丢失;
>
> (三)记录不得随意涂改或者销毁,更改记录应当签注姓名和日期,并使原有信息仍清晰可辨,必要时,应当说明更改的理由;
>
> (四)记录的保存期限应当至少相当于企业所规定的医疗器械的寿命期,但从放行产品的日期起不少于2年,或者符合相关法规要求,并可追溯。

条款理解: 本条款规定建立生产质量或质量管理记录控制程序,所以企业应当建立记录控制程序管理文件。在企业的质量管理活动中随时会产生许多记录,在体系核查中涉及的记录文件,一般是指最终确定的具有证据性质的真实文件。

所以,如何确定最终记录文件,就需要企业在质量体系管理的特定环节中予以明文规定。比如,某些企业就规定产品研制到何种阶段以后的实验记录都必须统一保管,或者规定产品测量的最终数据应作为检测报告的记录等。这种规定可以防止与操作中的临时记录行为混淆,达到可以有效管理数据记录的目的。

质量记录就是为已完成的活动或达到的结果提供客观证据的文件,质量记录是质量体系文件的组成部分,任何质量活动均会产生质量记录,因此质量记录的确立、编制和管理对质量体系的运行会产生重大影响。质量记录的作用,一是为证明满足质量运行的有效性提供客观证据,二是为了对产品、项目、合同或生产过程进行证实或可追溯性分析,三是可以开展必要的数据分析和趋势性分析,四是为了采取预防措施和纠正措施。

要点说明: 记录在质量体系运行中非常重要,且数量巨大。企业在管理中要注意以下要点:

1. 记录的分类。对记录进行适当的分类,可以确定各类记录的建立、批准、记录、运用、保管、销毁的基本程序。比如:对于研制、生产软件或者硬件的过程,可以记录:(1)检验报告;(2)试验数据;(3)确认报告;(4)验证报告;(5)审核报告;(6)物资材料和供应商评审报告;(7)校准数据;(8)生产过程检验数据等。对于质量管理活动的过程,可以记录以下信息:(1)实现质量目标情况;(2)顾客满意程度调查;(3)质量体系管理评审和改进结果;(4)质量趋势和数据分析;(5)内部审核及纠正措施效果;(6)外包服务的审核;(7)人员的技能和培训;(8)市场与经济分析等。

2. 记录的特性。记录具有以下特性,这些特性决定了我们对记录的要求。(1)可操作性,所以应明确、具体、实用;(2)可检查性,所以具有数量化和特征化,因而可以检查和评价;(3)可追溯性,所以具有内容、时间、人员、数量、地点等要素;(4)可见证性,可以为企业进行内部或外部质量体系审核提供证据,它可以证实是否已实施了规定的质量体系要求及实施的程度;(5)可连续性,为管理者分析质量问题、质量发趋势提供依据,同时也为质量成本分析、统计技术的运用提供了依据。

3. 记录的要求。(1)内容完整有效,反映必须记录的重要特征和项目。记录表格中应无缺项、漏项等,没有数据的空格应当划出。填表人或编制人、审核、批准人、日期等确保质量记录的完整和可溯。(2)记录应标准化,记录应既便于填写,也便于统计分析,为使用计算机进行信息管理打下基础。(3)记录应实用,符合质量管理需要。对那些不必要的或者不能为质量管理和质量保证提供依据的信息,不应在质量记录中体现。(4)记录应真实和准确。字体大小一致,应尽量减少涂改,如有涂改则应盖上涂改人校对章或签字确认。

4. 记录的管理。(1)在记录表上设计充分的标记,包括分类标记、分级标记、分部门标记和状态标记等,这些标记有利于对记录的分类分析。(2)对各类记录的定期收集,包括按制定部门或者人员定时收集、按部门收集及按类别收集。(3)装订编目,编制索引。(4)保管贮存,贮存形式如纸、硬盘、软盘、录像带、录音带、微缩胶卷等;贮存条件需要：防火、防虫、防潮、防遗失、防损失,需要合适的温度湿度。(5) 对于记录的保存期限：记录的保存期限应当至少相当于企业所规定的医疗器械的寿命期,但从放行产品的日期起不少于 2 年;或者符合相关法规或者合同要求。(6) 过时记录的处理,企业可以根据不同的产品、不同的记录制定相适应的管理办法。

第六章 设 计 开 发

在质量管理体系中,设计和开发是十分重要的质量管理过程。这是因为,任何产品都存在着固有缺陷和随机缺陷,或者称为固有风险或者随机风险。其固有缺陷、固有风险往往就是因为设计和开发中存在的问题没有得到有效的解决而产生的。所以,有一种说法,产品的质量首先是设计出来的。医疗器械产品是与人类健康相关的产品,是用于治病救人的产品,医疗器械的使用除了产品本身的特点和性能以外,还与临床使用者相关。所以,医疗器械产品不是简单的制造,关注医疗器械产品的质量,就必须熟悉产品的原理性能和实际使用,为此设计和开发的环节就是确保产品质量的必不可少的环节。在 ISO13485 标准中,有一个非常重要的注解,就是在质量管理体系中不可删减 7.3 条。而 7.3 条就是产品的设计和开发。所以,在本《规范》中,设计和开发也是不可删减的。在《医疗器械监督管理条例》和《医疗器械注册管理办法》中已经明确规定,在医疗器械产品申请注册过程中,必要时可以对与设计、生产相关的质量管理体系进行现场核查。很显然,在这种情况下的体系核查,主要的内容之一就是核查设计和开发过程中质量管理体系的运行情况。

当然,由于每个企业对每种产品在研制开发中所处的地位,研制开发的方式都不一样,所以,在具体设计和开发过程中,质量管理的要求也肯定是不一样的。比如,产品的原始研究开发、成熟产品的扩大型号规格的开发、已经获准上市产品的变更设计开发、获得技术转让后申请注册的设计开发等,都不会一样。我们只有在理解了质量管理规范中对设计开发管理的原理和要求,并结合客观实际情况,灵活学习运用,才能做好设计开发的质量管理。同时,才可能不会固守陈规、用僵化的方式对待研制开发的质量管理,才可能对医疗器械科技创新持有正确的态度和方式。

> 第二十八条　企业应当建立设计控制程序并形成文件,对医疗器械的设计和开发过程实施策划和控制。

条款理解: 本条款要求企业为设计研制医疗器械建立质量管理制度,并按照制度对设计和开发进行管理。在我国,医疗器械属于需要政府行政许可的特殊产品,产品上市需要申请注册(第一类医疗器械需要进行注册备案),获得产品注册证书以后方可上市销售,并在医疗机构获得使用。所以,国务院的《医疗器械监督管理条例》第二章专门对医疗器械注册进行了规定。本《规范》认为,根据医疗器械注册管理的规定和要求,企业的设计和开发过程应当形成一个控制程序,并形成程序文件。

要点说明:

本条款提出在制定医疗器械设计研制的程序管理文件时必须关注的问题。

1. 企业的医疗器械设计开发程序必须符合法规的规定,目前可以参考的法规文件主要有《医疗器械注册管理办法》、《体外诊断试剂注册管理办法》等。更详细的程序有"医疗器械风险评价"、"医疗器械注册检测"、"医疗器械产品技术要求评价"、"医疗器械临床试验和临床评价资料"、"医疗器械包装标签"、"医疗器械注册申报资料要求"等一系列规范性文件和技术指导性文件。所以,一个完整的设计程序文件,必须满足和考虑这些因素。

2. 要符合一般的设计程序过程,比如设计策划、设计输入、设计输出、设计评审、设计验证、设计确认、设计变更等。由于医疗器械产品的结构形态十分复杂,所以这些程序的具体要求应当由企业根据产品特性自行决定,而不应当强求统一,除了国家法规文件或者强制标准有规定以外,不可能将设计程序用法定化的形式来规定。

3. 企业产品的设计程序文件是根据企业的组织结构来决定的,可以一个机构管理一件事,也可以一个机构管理多项事。在充分满足设计的法规符合性的情况下,应当由企业自行决定。

4. 设计转换是一个复杂的过程,在产品从样品到成批生产的过程中十分重要。但是,设计转换必须根据具体的工艺过程、产品生产组织特性、产品使用和维修特点来具体规定,所以,在设计程序中一般不作统一规定。

第二十九条 在进行设计和开发策划时,应当确定设计和开发的阶段及对各阶段的评审、验证、确认和设计转换等活动,应当识别和确定各个部门设计和开发的活动和接口,明确职责和分工。

条款理解:本条款提出在设计策划中的重点要求。"策划"的意思是计划、打算等。设计策划就是企业对将要设计和开发的产品进行计划。设计策划的输出形式如"设计和开发策划书"、"设计计划书"、"可行性报告"等。在体系核查中,主要核查设计策划的结果。

要点说明:对于每一项产品的设计,都需要进行设计的策划。为了保证设计计划的实施,一般至少应当考虑以下要素:(1)产品的设计和开发的目标;(2)设计和开发中各部门的任务、职责、接口等,特别关注委托或者外包设计的任务、接口;(3)在设计全过程中的评审阶段设置,包括时机、阶段、评审人员、评审方法等;(4)产品技术要求的编制以及实验过程的设定,所需要的测量手段和测量装置;(5)产品验证的方式和方法,所引用的国家和行业强制标准;(6)产品确认的方式和方法,确定是否采用临床试验或临床验证的方式;(7)各设计活动阶段的时间安排;(8)风险管理活动的要求和安排。

第三十条 设计和开发输入应当包括预期用途规定的功能、性能和安全要求、法规要求、风险管理控制措施和其他要求。对设计和开发输入应当进行评审并得到批准,保持相关记录。

条款理解:设计和开发输入属于设计程序中的一个重要环节。在这个环节中,应当明确并描述产品的基本要求:(1)产品的预期用途和结构特征;(2)产品的使用过程和说明;(3)产品的技术要求,包括产品的主要性能指标、产品的安全性要求,也可以包括产品的包装和标签的要求;(4)产品预期使用的条件和环境要求;(5)采用和引用的标准或技术要求;(6)需要满足的相关法律法规;(7)其他产品和相关资料参考的要求;(8)其他信息。

国家食品药品监督管理总局在 2014 年第 43 号《关于公布医疗器械注册申报资料要求和批准证明文件格式的公告》中,就医疗器械注册所需要申报的资料内容和要求作出详细规定。在此,我们予以引用,可供企业在制定设计和开发输入方案时参考。

注册申报资料应有所提交资料目录,包括申报资料的一级和二级标题。每项二级标题对应的资料应单独编制页码。

一、申请表

二、证明性文件

(一)境内申请人应当提交:

1. 企业营业执照副本复印件和组织机构代码证复印件。

2. 按照《创新医疗器械特别审批程序审批》的境内医疗器械申请注册时,应当提交创新医疗器械特别审批申请审查通知单,样品委托其他企业生产的,应当提供受托企业生产许可证和委托协议。生产许可证生产范围应涵盖申报产品类别。

(二)境外申请人应当提交:

1. 境外申请人注册地或生产地址所在国家(地区)医疗器械主管部门出具的允许产品上市销售的证明文件、企业资格证明文件。

2. 境外申请人注册地或者生产地址所在国家(地区)未将该产品作为医疗器械管理的,申请人需要提供相关证明文件,包括注册地或者生产地址所在国家(地区)准许该产品上市销售的证明文件。

3. 境外申请人在中国境内指定代理人的委托书、代理人承诺书及营业执照副本复印件或者机构登记证明复印件。

三、医疗器械安全有效基本要求清单

说明产品符合《医疗器械安全有效基本要求清单》(见《关于公布医疗器械注册申报资料要求和批准证明文件格式的公告》附件8)各项适用要求所采用的方法,以及证明其符合性的文件。对于《医疗器械安全有效基本要求清单》中不适用的各项要求,应当说明其理由。

对于包含在产品注册申报资料中的文件,应当说明其在申报资料中的具体位置;对于未包含在产品注册申报资料中的文件,应当注明该证据文件名称及其在质量管理体系文件中的编号备查。

四、综述资料

(一)概述

描述申报产品的管理类别、分类编码及名称的确定依据。

（二）产品描述

1. 无源医疗器械

描述产品工作原理、作用机理（如适用）、结构组成（含配合使用的附件）、主要原材料，以及区别于其他同类产品的特征等内容；必要时提供图示说明。

2. 有源医疗器械

描述产品工作原理、作用机理（如适用）、结构组成（含配合使用的附件）、主要功能及其组成部件（关键组件和软件）的功能，以及区别于其他同类产品的特征等内容；必要时提供图示说明。

（三）型号规格

对于存在多种型号规格的产品，应当明确各型号规格的区别。应当采用对比表及带有说明性文字的图片、图表，对于各种型号规格的结构组成（或配置）、功能、产品特征和运行模式、性能指标等方面加以描述。

（四）包装说明

有关产品包装的信息，以及与该产品一起销售的配件包装情况；对于无菌医疗器械，应当说明与灭菌方法相适应的最初包装的信息。

（五）适用范围和禁忌症

1. 适用范围：应当明确产品所提供的治疗、诊断等符合《医疗器械监督管理条例》第七十六条定义的目的，并可描述其适用的医疗阶段（如治疗后的监测、康复等）；明确目标用户及其操作该产品应当具备的技能/知识/培训；说明产品是一次性使用还是重复使用；说明预期与其组合使用的器械。

2. 预期使用环境：该产品预期使用的地点如医疗机构、实验室、救护车、家庭等，以及可能会影响其安全性和有效性的环境条件（如温度、湿度、功率、压力、移动等）。

3. 适用人群：目标患者人群的信息（如成人、儿童或新生儿），患者选择标准的信息，以及使用过程中需要监测的参数、考虑的因素。

4. 禁忌症：如适用，应当明确说明该器械不适宜应用的某些疾病、情况或特定的人群（如儿童、老年人、孕妇及哺乳期妇女、肝肾功能不全者）。

（六）参考的同类产品或前代产品应当提供同类产品（国内外已上市）或前代产品（如有）的信息，阐述申请注册产品的研发背景和目的。对于同类产品，应当说明选择其作为研发参考的原因。

同时列表比较说明产品与参考产品（同类产品或前代产品）在工作原理、结构组成、制造材料、性能指标、作用方式(如植入、介入),以及适用范围等方面的异同。

(七)其他需说明的内容。对于已获得批准的部件或配合使用的附件,应当提供批准文号和批准文件复印件;预期与其他医疗器械或通用产品组合使用的应当提供说明;应当说明系统各组合医疗器械间存在的物理、电气等连接方式。

五、研究资料

根据所申报的产品,提供适用的研究资料。

(一)产品性能研究

应当提供产品性能研究资料以及产品技术要求的研究和编制说明,包括功能性、安全性指标(如电气安全与电磁兼容、辐射安全)以及与质量控制相关的其他指标的确定依据,所采用的标准或方法、采用的原因及理论基础。

(二)生物相容性评价研究

应对成品中与患者和使用者直接或间接接触的材料的生物相容性进行评价。生物相容性评价研究资料应当包括:

1. 生物相容性评价的依据和方法。

2. 产品所用材料的描述及与人体接触的性质。

3. 实施或豁免生物学试验的理由和论证。

4. 对于现有数据或试验结果的评价。

(三)生物安全性研究

对于含有同种异体材料、动物源性材料或生物活性物质等具有生物安全风险类产品,应当提供相关材料及生物活性物质的生物安全性研究资料。其包括:说明组织、细胞和材料的获取、加工、保存、测试和处理过程;阐述来源(包括捐献者筛选细节),并描述生产过程中对病毒、其他病原体及免疫源性物质去除或灭活方法的验证试验;工艺验证的简要总结。

(四)灭菌/消毒工艺研究

1. 生产企业灭菌:应明确灭菌工艺(方法和参数)和无菌保证水平(SAL),并提供灭菌确认报告。

2. 终端用户灭菌:应当明确推荐的灭菌工艺(方法和参数)及所推荐的灭菌方法确定的依据;对可耐受两次或多次灭菌的产品,应当提供产品相关推荐的灭菌方法耐受性的研究资料。

3. 残留毒性:如灭菌使用的方法容易出现残留,应当明确残留物信息及采取的处理方法,并提供研究资料。

4. 终端用户消毒：应当明确推荐的消毒工艺(方法和参数)以及所推荐消毒方法确定的依据。

（五）产品有效期和包装研究

1. 有效期的确定：如适用,应当提供产品有效期的验证报告。

2. 对于有限次重复使用的医疗器械,应当提供使用次数验证资料。

3. 包装及包装完整性：在宣称的有效期内以及运输储存条件下,保持包装完整性的依据。

（六）临床前动物试验

如适用,应当包括动物试验研究的目的、结果及记录。

（七）软件研究

含有软件的产品,应当提供一份单独的医疗器械软件描述文档,内容包括基本信息、实现过程和核心算法,详尽程度取决于软件的安全性级别和复杂程度。同时,应当出具关于软件版本命名规则的声明,明确软件版本的全部字段及字段含义,确定软件的完整版本和发行所用的标识版本。

（八）其他资料

证明产品安全性、有效性的其他研究资料。

六、生产制造信息

（一）无源医疗器械

应当明确产品生产加工工艺,注明关键工艺和特殊工艺,并说明其过程控制点。明确生产过程中各种加工助剂的使用情况及对杂质(如残留单体、小分子残留物等)的控制情况。

（二）有源医疗器械

应当明确产品生产工艺过程,可采用流程图的形式,并说明其过程控制点。

注：部分有源医疗器械(例如心脏起搏器及导线)应当注意考虑采用"六、生产制造信息"(一)中关于生产过程信息的描述。

（三）生产场地

有多个研制、生产场地,应当概述每个研制、生产场地的实际情况。

七、临床评价资料

按照相应规定提交临床评价资料。进口医疗器械应提供境外政府医疗器械主管部门批准该产品上市时的临床评价资料。

八、产品风险分析资料

产品风险分析资料是对产品的风险管理过程及其评审的结果予以记录所形成的资料。应当提供对于每项已判定危害的下列各个过程的可追溯性:

(一)风险分析:包括医疗器械适用范围和与安全性有关特征的判定、危害的判定、估计每个危害处境的风险。

(二)风险评价:对于每个已判定的危害处境,评价和决定是否需要降低风险。

(三)风险控制措施的实施和验证结果,必要时应当引用检测和评价性报告,如医用电气安全、生物学评价等。

(四)任何一个或多个剩余风险的可接受性评定。

九、产品技术要求

医疗器械产品技术要求应当按照《医疗器械产品技术要求编写指导原则》的规定编制。产品技术要求一式两份,并提交两份产品技术要求文本完全一致的声明。

十、产品注册检验报告

提供具有医疗器械检验资质的医疗器械检验机构出具的注册检验报告和预评价意见。

十一、产品说明书和最小销售单元的标签样稿

应当符合相关法规要求。

十二、符合性声明

(一)申请人声明本产品符合《医疗器械注册管理办法》和相关法规的要求;声明本产品符合《医疗器械分类规则》有关分类的要求;声明本产品符合现行国家标准、行业标准,并提供符合标准的清单。

(二)所提交资料真实性的自我保证声明(境内产品由申请人出具,进口产品由申请人和代理人分别出具)。

应该说,这份清单是非常具体的,作为设计和开发输入计划应该基本满足该《公告》的要求,否则就可能会出错,或者被要求补充资料。

另外,在《公告》中,也对"延续注册"、"变更注册"的资料提出了明确的要求,可供参考。

要点说明:

1. 设计和开发的输入要形成报告,报告的形式包括"计划任务书"、"设计计划报告"、"可行性报告"等。这份报告要经过专门的评审,确保充分性、适宜性、

完整、清楚,没有自相矛盾,并且得到程序文件中规定的人员的批准。这份报告应当进行保管存档,有关评审报告和批准也应当保留记录。

2. 随着设计过程的发展,有时是需要对设计和开发输入报告进行修改或者调整。同理,这种修改也需要经过评审,并且得到程序文件中规定的人员的批准。修改报告应当保管存档,有关评审和批准也应当保留记录。

第三十一条 设计和开发输出应当满足输入要求,包括采购、生产和服务所需的相关信息、产品技术要求等。设计和开发输出应当得到批准,保持相关记录。

条款理解: 本条款提出了对设计完成以后设计输出的要求。"设计输出应当满足设计输入的要求"是最典型的表达,也是整个设计研制的最终目的。设计输出是完成整个设计过程后的结果,也是设计环节中质量体系有效性的重要证明,也是在注册过程中开展质量体系核查的实质内容。

设计和开发完成后主要输出什么? 目标很明确地提出,是为了"拟上市而申请注册"的产品的相关设计文件、生产文件、采购文件、安装及使用说明、产品或样品、检验规则和标准等。总之,是满足制造研制样品和临床样品、满足产品注册中所需的一切资料,更重要的是满足产品正式生产后的一切技术支持。

设计和开发输出的资料和样品应当满足的基本要求是:

1. 设计输出应当满足设计输入的要求。如果在研制过程中,发生对设计输入的修改,当然应当满足包括修改后的输入要求。

2. 为了研制开发的产品可以持续生产而给出采购、生产和服务的信息。

3. 产品生产后可接受的准则,包括产品的安全性和主要性能技术要求,并形成产品的形式检验、产品技术要求和检验方法及规则。

4. 规定产品在使用过程中的安全、有效的特性,并形成包装、标签、说明书等要素。

要点说明:

在注册过程中的检查中,对设计和开发输出一般包括以下内容:

1. 产品的设计过程中形成的总结性资料,或者称为技术报告、综述报告。

2. 采购信息,如原材料、组件和部件技术要求(特别包括经过生物学评价结果和记录,包括材料的牌号、材料的主要性能要求、配方、供应商的质量体系状况等），必要时可以包括供应商的信息。

3. 生产和服务所需的信息，如产品图纸（包括零部件图纸）、工艺配方、作业指导书、环境要求等。

4. 产品接收准则（如产品标准、产品技术要求）和检验规程及规则；为了有效地控制产品的质量，确保产品符合技术要求，企业往往还需要制定一份内控产品接受准则（内控标准）。内控标准一般是企业的商业机密。

5. 规定产品安全和正常使用所必需的产品特性，如产品使用说明书、包装和标签要求等。产品使用说明书要求与注册申报时上报或批准的一致。

6. 标识和可追溯性要求。产品的标识要符合法规和标准的要求，一般可以参考的有标签标识说明书管理规定、产品的标准以及其他规定。产品的可追溯性应当根据不同的产品确定，不必统一规定。

7. 提交给注册审批部门的文件。这方面主要参考国家食品药品监督管理总局《关于医疗器械注册申报资料要求和批准证明文件格式的公告（第43号）》。

8. 最终产品。最终产品是设计和开发输出的最重要结果。设计和开发完成产品还需经过技术检测、临床验证或评价。由于产品开发是一个不断改进、不断完善的过程，所以企业在研究中制造加工了初步样机（样品）以后，还应当在完善工艺技术的基础上制造加工最终的样机（样品）。这是产品注册中非常重要的要素。

医疗器械质量规范无法详细规定具体的多少文件资料，企业应当根据所生产的产品规定需要的文件资料，并形成清单，妥善保管；用于注册法规文件规定的文件应当符合文件规定的内容和格式要求；企业应当保证输出资料的真实性，并且保持资料获得的可追溯性；引用外来资料要记录出处，并经过评审和确认。

第三十二条 企业应当在设计和开发过程中开展设计和开发到生产的转换活动，以使设计和开发的输出在成为最终产品规范前得以验证，确保设计和开发输出适用于生产。

条款理解：本条款提出了进行设计和开发过程中进行设计转换活动的概念。什么是设计和开发转换活动？设计转换活动一般是指，在完成产品的初步设计，经过小样本的试产，并取得最终产品，证明了设计产品的原理和效果以后，企业需要为未来的制造加工设计稳定可靠的工艺技术，以保证产品可以复制或者大批量的生产，这个时候所做的技术开发工作，就是设计转换工作。所以，设计转换也是从研制样品到产品批量生产之间最重要的工作。

由此可见,设计转换活动在为产品拟上市而进行的注册过程中也是十分重要的。成功地设计转换可以进一步完善产品的设计,提升产品的制造工艺性,提高产品的稳定性、可靠性、重复性,提高产品的生产效率。

但是,长期以来我们的医疗器械企业对设计转换的认识并不充分,往往只着眼于产品的注册,以为完成了注册,就是完成了产品的开发。但是,质量管理体系并不这样认为,能够长期生产出性能稳定、重复同一、质量可靠、数量足够的产品,才是医疗器械上市销售的基本出发点。

要点说明:

1. 由于医疗器械产品的形态太复杂,所以无法规定设计转换活动的方式。所有的工艺形式、工艺过程、工艺阶段都会有不同的设计转换。设计转换还取决于企业的投资,未来的生产成本。严格来讲,设计转换属于企业的专有技术(now-how),是需要注意保密的,所以在 ISO13485 中并没有提出设计转换的问题,一般质量体系考核也不对专有技术进行核查评价。这不是说设计转换不重要,而是更要引起关注的。

2. 开展设计转换活动一般在设计后阶段,进行研制产品定型时开展;也可以在确定研制产品采用何种生产方式和生产规模时开展;也可以在产品已经投入生产上市,在需要扩大生产规模,改变生产方式时开展;也可以在改进和提高产品质量,采用新的工艺方法时展开。所以,设计转换没有一个固定的时机,企业随时可以组织开展。

3. 开展设计转换既属于工艺技术的改变,也是产品在设计输出过程中的改变,所以设计转换的方式、过程、结果都应当经过验证,确认可行,确保产品的质量。

4. 开展涉及转换以后,一般都会形成作业指导书。作业指导书可以表达产品生产过程中更详细的操作方法,指导员工执行具体工作任务,如完成或控制加工工序、搬运产品、校准测量设备等。作业指导书也是一种程序,只不过其针对的对象是具体的作业活动。作业指导书有时也称为工作指导令或操作规范、操作规程、工作指令等。作业指导书和程序文件的区别在于,一个作业指导书只涉及一项独立的具体任务,而一个程序文件涉及质量体系中某个过程的整个活动。

本书无法详细说明设计转化是如何开展,有何准则,有何标准。每个企业的设计转换都是不一样的,所以希望每个企业都能重视,不断创新。

第三十三条　企业应当在设计和开发的适宜阶段安排评审,保持评审结果及任何必要措施的记录。

条款理解: 本条款表述的是设计评审的要求。所谓设计评审是指在产品研制设计的不同时间、不同阶段、针对不同的内容组织开展技术评审。评审的目的是为了确保设计的策划是充分的、全面的;确保设计输入是可行的、适宜的;确保设计输出是满足输入的要求,并可以满足后续研制或生产的需求;确保研制产品的验证和确认是真实的、可靠的、有效的。可见,设计评审可以贯穿在整个设计的全过程,并在不同的阶段安排不同的评审。

要点说明:

在产品设计中组织进行评审应当注意以下因素:

1. 目的性。评价结果应当满足事先确定的要求、提出问题和措施。

2. 系统性。证明设计各个阶段的适宜性、充分性、有效性;从研究、试验、生产、使用各阶段进行;注意证明满足"医疗器械产品技术指导原则"的各项要求。

3. 阶段性。不同阶段有不同的评审要求、内容,不应当混淆,而应当直截了当。比如,设计策划、设计输入、设计输出等都应当进行评审,对引用资料、参考标准、局部实验等一些过程也可以进行评审。产品设计研制完成后更应当进行系统性评审。

4. 多样性。评审的方式是多样性的,其中包括会议、讨论、试验、试用、比较、对照等等。

5. 记录性。每次评审要形成记录。

6. 反馈性。评审结果的处理和措施需要反馈。

第三十四条　企业应当对设计和开发进行验证,以确保设计和开发输出满足输入的要求,并保持验证结果和任何必要措施的记录。

条款理解: 本条款表述设计和开发的"验证"。所谓设计和开发的验证是指对设计和开发的产品,通过试验、测试、实验等方式取得的各种客观证据,证明产品对规定要求已得到满足的认定。

简单来说,设计和开发的验证的目的是用实验或者试验的方式,证明设计和开发的输出满足输入的要求。

从医疗器械产品注册需要的角度来说,整个医疗器械产品的验证就是医疗器械的技术检测。按照《医疗器械监督管理条例》的规定,"第二类、第三类医疗器械产品注册申请资料中的产品检验报告应当是医疗器械检验机构出具的检验报告",第一类医疗器械的检测报告可以是企业的自检报告。所以,对整个产品而言,"产品检验报告"就是最重要的验证报告。

由于需要第三方检验机构进行产品的检验,所以,按照规定需要企业提供"产品技术要求"并由检验机构对企业提供的"产品技术要求"进行评价。为此,国家食品药品监督管理总局在2014年第9号通告《关于发布医疗器械产品技术要求编写指导原则的通告》中说明了编制"产品技术要求"的内容。

医疗器械产品技术要求的内容应符合以下要求:

(一)产品名称。产品技术要求中的产品名称应使用中文,并与申请注册(备案)的中文产品名称相一致。

(二)产品型号/规格及其划分说明。产品技术要求中应明确产品型号和/或规格,以及其划分的说明。

对同一注册单元中存在多种型号和/或规格的产品,应明确各型号及各规格之间的所有区别(必要时可附相应图示进行说明)。

对于型号/规格的表述文本较大的可以附录形式提供。

(三)性能指标。

1. 产品技术要求中的性能指标是指可进行客观判定的成品的功能性、安全性指标以及质量控制相关的其他指标。产品设计开发中的评价性内容(例如生物相容性评价)原则上不在产品技术要求中制定。

2. 产品技术要求中性能指标的制定应参考相关国家标准/行业标准并结合具体产品的设计特性、预期用途和质量控制水平且不应低于产品适用的强制性国家标准/行业标准。

3. 产品技术要求中的性能指标应明确具体要求,不应以"见随附资料"、"按供货合同"等形式提供。

(四)检验方法。(略)

该通告还规定了"产品技术要求"的格式。

当然,设计和开发中的验证,不但包括整个产品,还包括在研制过程中的各个阶段、各个部件的验证,其目的一样都是通过试验和检测来证明是否达到预期的目标(目的)。

要点说明:

1. 设计和开发验证包括整个产品的验证,研制产品的阶段中对部分产品如部件、中间体、部分材料的验证。所有的验证首先要根据设计输入时提出的技术要求,确定试验的方式,记录试验的结果,证明验证的结论。

2.《医疗器械注册管理办法》规定了对于医疗器械产品除了满足国家和行业强制执行标准外,还要满足产品技术要求。产品技术要求主要包括医疗器械成品的性能指标和检验方法,其中性能指标是指可进行客观判定的成品的功能性、安全性指标以及与质量控制相关的其他指标。在中国上市的医疗器械应当符合经注册核准或者备案的产品技术要求。我们应当特别关注"医疗器械注册检验报告"的合法性、完整性、有效性。

3. 验证的方法。除了标准和产品技术要求规定的试验方法外,往往还可以考虑以下方式:

——变换方式进行计算验证;

——进行试验或演示证明;

——与同类进行比较证明;

——对设计输出进行全面评审。

4. 设计验证的记录。为了确保对验证过程和验证结果进行追溯性查验时的需要,企业应当妥善保存,特别是要注意防止这些记录因为人员变动等因素而丢失。当然,这些记录也可能涉及企业的技术机密,所以应当制定查阅的规定。

第三十五条　企业应当对设计和开发进行确认,以确保产品满足规定的使用要求或者预期用途的要求,并保持确认结果和任何必要措施的记录。

条款理解: 本条款提出对产品进行设计和开发进行确认的概念。所谓设计和开发的"确认",是指通过提供客观证据对产品特定的预期用途或应用要求已得到满足的认定。这里有几个关键词:"特定的预期用途"、"应用要求"、"客观证据",以及"得到满足的认定"。其说明医疗器械产品的预期用途也是产品设计和开发的最终目的,一般是通过临床试验或验证,或者通过实际应用等客观证据来证明是否可以满足。对于成熟的医疗器械,法规规定可以免于临床试验。但是,

即使免于临床试验,也不等于不要产品可以达到预期用途的客观证据。所以,即使免于临床的产品,还是需要用"临床使用"、"同类产品临床使用资料"、"其他方式客观评价"的方式获得可以使用的客观证据。这是企业应当具有的概念。

那么,为什么要提出"确认"的概念? 这是因为,任何医疗器械的完全(全部)成功是无法通过一次、一时、一段的临床或使用来证明所有的未来。对设计研制的医疗器械是否满足预期用途,需要采用综合判断,需要通过风险分析,得出收益大于风险的结论。所以采用的是确认的方式,即通过对已获得的数据、过程、结果来认定(推断)整个产品的预期用途和应用要求。

要点说明:

1. 一般意义上理解产品的确认过程,是指医疗器械的临床试验或者临床验证,或者实际使用验证。

2. 特殊的医疗器械也可以采用比如实际使用或模拟试用、观察评价、确认放行的方式,具体可以根据不同医疗器械的特性决定。

3. 为了减少不必要的或者不符合伦理的临床试验,国家食品药品监督管理总局根据《医疗器械监督管理条例》发布了"免于临床试验的医疗器械目录"。同时,还规定可以采用相同医疗器械的临床资料或者数据进行医疗器械的临床评价。

4. 我们需要关注的问题是,免于临床试验的医疗器械,不等于不需要进行临床评价,只是方式不同;采用同品种医疗器械的资料,不是简单的拿来主义,而是必须对资料进行评审,以确定应用的合理科学。

5. 风险分析在研制产品的确认中十分重要。其重要的原则是:必须是收益远远大于风险,且剩余风险能够采取相对有效的措施。

> **第三十六条**　确认可采用临床评价或者性能评价。进行临床试验时应当符合医疗器械临床试验法规的要求。

条款理解:本条款进一步描述对医疗器械设计和开发的确认可以采用临床评价或者性能评价的方式。临床评价和性能评价包括了临床试验、临床验证、实际使用以及资料应用等。条款特别强调了临床试验应当符合法规的要求。

要点说明:

国家食品药品监督管理总局根据《医疗器械监督管理条例》的要求,发布了《医疗器械临床试验质量管理规范(征求意见稿)》。在该《规范》中规定了以下内容：（1）属于临床试验程序问题，如试验前准备和必要条件、受试者权益保障、临床试验方案、记录与报告；（2）属于管理责任方面的规定，如伦理委员会职责、申办者职责、临床试验机构和研究者职责；（3）属于临床管理方面的要求，如试验用医疗器械管理、临床试验基本文件管理等。

另外，国家食品药品监督管理总局还发布了 2014 年第 14 号通告《关于发布需进行临床试验审批的第三类医疗器械目录的通告》，规定了需要对临床试验方案进行批准的高风险医疗器械产品的目录，以及申请审批的流程；还发布了《医疗器械临床试验备案管理办法（征求意见稿）》，规定了一般医疗器械在开展临床试验前需要进行备案管理的要求。对此法规要求，企业必须十分重视。

> **第三十七条** 企业应当对设计和开发的更改进行识别并保持记录。必要时，应当对设计和开发更改进行评审、验证和确认，并在实施前得到批准。
>
> 当选用的材料、零件或者产品功能的改变可能影响到医疗器械产品安全性、有效性时，应当评价因改动可能带来的风险，必要时采取措施将风险降低到可接受水平，同时应当符合相关法规的要求。

条款理解： 本条款表述当医疗器械产品发生设计和开发变更时，在质量管理体系方面要进行的工作。无论这种变更是发生在新产品设计研制过程中，还是发生在产品已经上市以后的设计变更中，我们都可以把这种变更看作是一次局部的产品的设计和开发，所以本条款提出的进行评审、验证和确认、批准的要求，与前述的设计输入、设计输出、设计评审、验证和确认、批准的要求完全一样，只是可能内容比较小、程序可以略有简化。所以对设计和开发的变更制定程序规则，形成程序文件也是有必要的。

要点说明： 我们应当关注《医疗器械注册管理办法》第四十九条规定："已注册的第二类、第三类医疗器械，医疗器械注册证及其附件载明的内容发生变化，注册人应当向原注册部门申请注册变更，并按照相关要求提交申报资料。产品名称、型号、规格、结构及组成、适用范围、产品技术要求、进口医疗器械生产地址等发生变化的，注册人应当向原注册部门申请许可事项变更。注册人名称和住所、代理人名称和住所发生变化的，注册人应当向原注册部门申请登记事项变更；境内医疗器械生产地址变更的，注册人应当在相应的生产许可变更后办理注册登记事项变更。"同时，第五十一条规定："对于许可事项变更，技术审评机构应当重点针对变化部分进行审评,对变化后产品是否安全、有效作出评价。"

由此可见,在产品设计变更过程中,采用企业自我评价和风险分析,还是采用向注册审批部门申请变更注册的关键问题,就是看"注册证及其附件载明的内容发生变化"。如果不需要申请变更注册,并不是说质量管理体系不做评价,质量管理规范的要求严于注册管理的要求。

第三十八条　企业应当在包括设计和开发在内的产品实现全过程中,制定风险管理的要求并形成文件,保持相关记录。

条款理解: 本条款提出了在产品的设计和开发过程中要开展风险管理。在本《规范》第四条,已经表述了在医疗器械全寿命周期开展风险管理的要求,因此,本条款的重点是在设计和开发过程中的风险管理。在《医疗器械注册管理办法》中已经规定,申请产品注册时,需要递交产品的"风险分析报告",那么在设计和开发阶段的风险管理工作,主要是进行产品设计和制造中的风险分析、采取风险措施、进行剩余风险和可接受准则的判定,并形成风险分析报告。

为了做好产品设计和开发过程中的风险分析工作,同时顾及产品变更过程中的风险分析,企业应当建立一个风险分析的程序,规定方针、目标、组织、机构、人员、程序、文件、方式、报告批准、记录归档等,将这个程序形成文件。编制这个文件时可以参考 YY/T0316—2008/ISO14971:2007《医疗器械—风险管理对医疗器械的应用》标准。

要点说明:

1. 企业在开展在设计和开发环节中的风险分析时,一般要确定几个重点问题,比如产品的基本风险分析范围、产品的风险可接受程度、产品风险分析的主要内容和参考规定、产品风险分析的主要工具等。所以,产品的风险分析是一项非常具体的工作。

2. 在新发布的《医疗器械注册管理办法》中,国家食品药品监督管理总局对医疗器械注册中的产品风险做出了新的规定,就是吸收引入了全球医疗器械协作组织 GHTF 提倡的医疗器械安全有效基本要求清单的分析模式。为此,国家食品药品监督管理总局发布了《关于公布医疗器械注册申报资料要求和批准证明文件格式的公告(2014 年第 43 号)》,并且在该《公告》的附件中公布了《医疗器械安全有效基本要求清单》。

附件 8   **医疗器械安全有效基本要求清单**

条款号	要　　求	适用	证明符合性采用的方法	为符合性提供客观证据的文件
A	通用原则			
A1	医疗器械的设计和生产应确保其在预期条件和用途下,由具有相应技术知识、经验、教育背景、培训经历、医疗和硬件条件的预期使用者(若适用),按照预期使用方式使用,不会损害医疗环境、患者安全、使用者及他人的安全和健康;使用时潜在风险与患者受益相比较可以接受,并具有高水平的健康和安全保护方法。			
A2	医疗器械的设计和生产应遵循安全原则并兼顾现有技术能力,应当采用以下原则,确保每一危害的剩余风险是可接受的: (1) 识别已知或可预期的危害并且评估预期使用和可预期的不当使用下的风险。 (2) 设计和生产中尽可能地消除风险。 (3) 采用充分防护如报警等措施尽可能地减少剩余风险。 (4) 告知剩余风险。			
A3	医疗器械在规定使用条件下应当达到其预期性能,满足适用范围要求。			
A4	在生命周期内,正常使用和维护情况下,医疗器械的特性和性能的退化程度不会影响其安全性。			
A5	医疗器械的设计、生产和包装应当能够保证其说明书规定的运输、贮存条件(如温度和湿度变化),不对产品特性及性能造成不利影响。			
A6	所有风险以及非预期影响应最小化并可接受,保证在正常使用中受益大于风险。			
B	医疗器械安全性能基本原则			
B1	化学、物理和生物学性质			

条款号	要 求	适用	证明符合性采用的方法	为符合性提供客观证据的文件
B1.1	材料应当能够保证医疗器械符合 A 节提出的要求,特别注意: (1) 材料的选择应特别考虑毒性、易燃性(若适用)。 (2) 依据适用范围,考虑材料与生物组织、细胞、体液的相容性。 (3) 材料的选择应考虑硬度,耐磨性和疲劳强度等属性(若适用)。			
B1.2	医疗器械的设计、生产和包装应尽可能减少污染物和残留物对从事运输、贮存、使用的人员和患者造成的风险,特别要注意与人体暴露组织接触的时间和频次。			
B1.3	医疗器械的设计和生产,应当能够保证产品在正常使用中接触到其他的材料、物质和气体时,仍然能够安全使用。如果医疗器械用于给药,则该产品的设计和生产需要符合药品管理的有关规定,且正常使用不改变其产品性能。			
B1.4	医疗器械的设计和生产应当尽可能减少滤出物或泄漏物造成的风险,特别注意其致癌、致畸和生殖毒性。			
B1.5	医疗器械的设计和生产应当考虑在预期使用条件下,产品及其使用环境的特性,尽可能减少物质意外从该产品进出所造成的风险。			
B2	感染和微生物污染			
B2.1	医疗器械的设计和生产应当减少患者、使用者及他人感染的风险。设计应当: (1) 易于操作。 (2) 尽可能减少来自产品的微生物泄漏和/或使用中微生物暴露。 (3) 防止人对医疗器械和样品的微生物污染。			

条款号	要 求	适用	证明符合 性采用的 方法	为符合性提 供客观证据 的文件
B2.2	标有微生物要求的医疗器械,应当确保在使用前符合微生物要求。			
B2.3	无菌医疗器械应当确保在使用前符合无菌要求。			
B2.4	无菌或标有微生物要求的医疗器械应当采用已验证的方法对其进行加工、制造或灭菌。			
B2.5	无菌医疗器械应当在相应控制状态下(如相应净化级别的环境)生产。			
B2.6	非无菌医疗器械的包装应当保持产品的完整性和洁净度。使用前需要灭菌的产品,其包装应当尽可能减少产品受到微生物污染的风险,且应当适合相应的灭菌方法。			
B2.7	若医疗器械可以无菌与非无菌两种状态上市,则产品的包装或标签应当加以区别。			
B3	药械组合产品			
B3.1	应对该药品和药械组合产品安全、质量和性能予以验证。			
B4	生物源性医疗器械			
B4.1	含有动物源性的组织、细胞和其他物质的医疗器械,该动物源性组织、细胞和物质应当符合相关法规规定,且符合其适用范围要求。动物的来源资料应当妥善保存备查。动物的组织、细胞和其他物质的加工、保存、检测和处理等过程应当提供患者、使用者和他人(如适用)最佳的安全保护。特别是病毒和其他传染原,应当采用经验证的清除或灭活方法处理。			
B4.2	含有人体组织、细胞和其他物质的医疗器械,应当选择适当的来源、捐赠者,以减少感染的风险。人体组织、细胞和其他物质的加工、保存、检测和处理等过程应当提供患者、使用者和他人(如适用)最佳的安全保护。特别是病毒和其他传染原,应当采用经验证的清除或灭活方法处理。			

条款号	要 求	适用	证明符合性采用的方法	为符合性提供客观证据的文件
B4.3	含有微生物的细胞和其他物质的医疗器械,细胞及其他物质的加工、保存、检测和处理等过程应当提供患者、使用者和他人(如适用)最佳的安全保护。特别是病毒和其他传染原,应当采用经验证的清除或灭活方法处理。			
B5	环境特性			
B5.1	如医疗器械预期与其他医疗器械或设备联合使用,应当保证联合使用后的系统整体的安全性,并且不削弱各器械或设备的性能。任何联合使用上的限制应在标签和(或)说明书中载明。液体、气体传输或机械耦合等连接系统,如,应从设计和结构上尽可能减少错误连接造成对使用者的安全风险。			
B5.2	医疗器械的设计和生产应尽可能地消除和减少下列风险:			
B5.2.1	因物理或者人机功效原因,对患者、使用者或他人造成伤害的风险。			
B5.2.2	由人机功效、人为因素和使用环境所引起的错误操作的风险。			
B5.2.3	与合理可预见的外部因素或环境条件有关的风险,比如磁场、外部电磁效应、静电放电、诊断和治疗带来的辐射、压力、湿度、温度以及压力和加速度的变化。			
B5.2.4	正常使用时可能与材料、液体和气体接触而产生的风险。			
B5.2.5	软件及其运行环境的兼容性造成的风险。			
B5.2.6	物质意外进入的风险。			
B5.2.7	临床使用中与其他医疗器械共同使用的产品,其相互干扰的风险。			
B5.2.8	不能维护或校准(如植入产品)的医疗器械因材料老化、测量或控制精度减少引起的风险。			

条款号	要　　求	适用	证明符合性采用的方法	为符合性提供客观证据的文件
B5.3	医疗器械的设计和生产应尽可能地减少在正常使用及单一故障状态下燃烧和爆炸的风险。尤其是在预期使用时,暴露于可燃物、致燃物或与可燃物、致燃物联合使用的医疗器械。			
B5.4	须进行调整、校准和维护的医疗器械的设计和生产应保证其相应过程安全进行。			
B5.5	医疗器械的设计和生产应有利于废物的安全处置。			
B6	有诊断或测量功能的医疗器械产品			
B6.1	有诊断或测量功能的医疗器械,其设计和生产应充分考虑其准确度、精密度和稳定性。准确度应规定其限值。			
B6.2	任何测量、监视或显示的数值范围的设计,均应当符合人机工效原则。			
B6.3	所表达的计量值应是中国通用的标准化单位,并能被使用者理解。			
B7	辐射防护			
B7.1	一般要求:医疗器械的设计、生产和包装应当考虑尽量减少患者、使用者和他人在辐射中的暴露,同时不影响其功能。			
B7.2	预期的辐射:应用放射辐射进行治疗和诊断的医疗器械,放射剂量应可控。其设计和生产应当保证相关的可调参数的重复性及误差在允许范围内。若医疗器械预期辐射可能有危害,应当具有相应的声光报警功能。			
B7.3	非预期的辐射:医疗器械的设计和生产应当尽可能减少患者、使用者和他人暴露于非预期、杂散或散射辐射的风险。			

条款号	要　　　求	适用	证明符合性采用的方法	为符合性提供客观证据的文件
B7.4	电离辐射：预期放射电离辐射的医疗器械，其设计和生产应当保证辐射放射的剂量、几何分布和能量分布(或质量)可控。 放射电离辐射的医疗器械(预期用于放射学诊断)，其设计和生产应当确保产品在实现其临床需要的影像品质的同时，使患者和使用者受到的辐射吸收剂量降至最低。应当能够对射线束的剂量、线束类型、能量和能量分布(适用时)进行可靠的监视和控制。			
B8	含软件的医疗器械和独立医疗器械软件			
B8.1	含软件的医疗器械或独立医疗器械软件，其设计应当保证重复性、可靠性和性能。当发生单一故障时，应当采取适当的措施，尽可能地消除和减少风险。			
B8.2	对于含软件的医疗器械或独立医疗器械软件，其软件必须根据最新的技术水平进行确认(需要考虑研发周期、风险管理要求、验证和确认要求)。			
B9	有源医疗器械和与其连接的器械			
B9.1	对于有源医疗器械，当发生单一故障时，应当采取适当的措施，尽可能的消除和减少因此而产生的风险。			
B9.2	患者安全需要通过内部电源供电的医疗器械保证的，医疗器械应当具有检测供电状态的功能。			
B9.3	患者安全需要通过外部电源供电的医疗器械保证的，医疗器械应当包括显示电源故障的报警系统。			
B9.4	预期用于监视患者一个或多个临床参数的医疗器械，应当配备适当的报警系统，在患者生命健康严重恶化或生命危急时，进行警告。			

条款号	要　　　求	适用	证明符合性采用的方法	为符合性提供客观证据的文件
B9.5	医疗器械的设计和生产,应当具有减少产生电磁干扰的方法。			
B9.6	医疗器械的设计和生产,应当确保产品具备足够的抗电磁骚扰能力,以保证产品能按照预期运行。			
B9.7	医疗器械的设计和生产,应当保证产品在按要求进行安装和维护后,在正常使用和单一故障时,患者、使用者和他人免于遭受意外电击。			
B10	机械风险的防护			
B10.1	医疗器械的设计和生产,应当保护患者和使用者免于承受因移动时遇到阻力、不稳定部件和运动部件等产生的机械风险。			
B10.2	除非振动是医疗器械的特定性能要求,否则医疗器械的设计和生产应将产品振动导致的风险降到最低。若可行,应当采用限制振动(特别是针对振动源)的方法。			
B10.3	除非噪声是医疗器械的特定性能要求,否则医疗器械设计和生产应将产品噪声导致的风险降到最低。若可行,应当采用限制噪声(特别是针对噪声源)的方法。			
B10.4	需要用户操作的连接电、气体或提供液压和气压的端子和连接器,其设计和构造应当尽可能降低操作风险。			
B10.5	如果医疗器械的某些部分在使用前或使用中需要进行连接或重新连接,则其设计和生产应将连接错误的风险降到最低。			
B10.6	可触及的医疗器械部件(不包括预期提供热量或达到给定温度的部件和区域)及其周围,在正常使用时,不应达到造成危险的温度。			

条款号	要　　求	适用	证明符合性采用的方法	为符合性提供客观证据的文件
B11	提供患者能量或物质而产生风险的防护			
B11.1	用于给患者提供能量或物质的医疗器械,其设计和结构应能精确地设定和维持输出量,以保证患者和使用者的安全。			
B11.2	若输出量不足可能导致危险,医疗器械应当具有防止和/或指示"输出量不足"的功能。应有适当的预防方式,以防止意外输出达危险等级的能量或物质。			
B11.3	医疗器械应清楚地标识控制器和指示器的功能。若器械的操作用显示系统指示使用说明、运行状态或调整参数,此类信息应当易于理解。			
B12	对非专业用户使用风险的防护			
B12.1	医疗器械的设计和生产应当考虑非专业用户所掌握的知识、技术和使用的环境,应当提供足够的说明,便于理解和使用。			
B12.2	医疗器械的设计和生产应当尽可能减少非专业用户操作错误和理解错误所致的风险。			
B12.3	医疗器械应当尽可能设置可供非专业用户在使用过程中检查产品是否正常运行的程序。			
B13	标签和说明书			
B13.1	考虑到使用者所受的培训和所具备的知识,标签和说明书应能让使用者获得充分的信息,以辨别生产企业,安全使用产品实现其预期功能。信息应当易于理解。			
B14	临床评价			
B14.1	应当依照现行法规的规定提供医疗器械临床评价资料。			
B14.2	临床试验应当符合《赫尔辛基宣言》。临床试验审批应当依照现行法规的规定。			

条款号	要　　　求	适用	证明符合性采用的方法	为符合性提供客观证据的文件
说明	1. 第 3 列若适用,应注明"是";不适用应注明"否",并说明不适用的理由。 2. 第 4 列应当填写证明该医疗器械符合安全有效基本要求的方法,通常可采取下列方法证明符合基本要求: 　(1) 符合已发布的医疗器械部门规章、规范性文件。 　(2) 符合医疗器械相关国家标准、行业标准、国际标准。 　(3) 符合普遍接受的测试方法。 　(4) 符合企业自定的方法。 　(5) 与已批准上市的同类产品的比较。 　(6) 临床评价。 3. 为符合性提供的证据应标明在注册申报资料中的位置和编号。对于包含在产品注册申报资料中的文件,应当说明其在申报资料中的具体位置。例如:八、注册检验报告(医用电气安全:机械风险的防护部分);说明书第 4.2 章。对于未包含在产品注册申报资料中的文件,应当注明该证据文件名称及其在质量管理体系文件中的编号备查。			

3. 国家食品药品监督管理总局在《公告》中提出:企业在分析报告中,要说明产品符合《医疗器械安全有效基本要求清单》各项适用要求所采用的方法,以及证明其符合性的文件。对于《医疗器械安全有效基本要求清单》中不适用的各项要求,应当说明其理由。对于包含在产品注册申报资料中的文件,应当说明其在申报资料中的具体位置;对于未包含在产品注册申报资料中的文件,应当注明该证据文件名称及其在质量管理体系文件中的编号备查。由此可见,按照此要求进行的风险分析,在产品设计过程中的验证和确认的工作量非常之大。

第七章　采　　购

　　本章主要规范医疗器械生产质量管理中的物料采购。一般定义的采购管理，是指计划下达、采购单生成、采购单执行、到货接收、检验入库、采购发票的收集到采购结算的采购活动的全过程，对采购过程中物流运动的各个环节状态进行严密的跟踪、监督，实现对企业采购活动执行过程的科学管理。

　　对于医疗器械产品而言，原材料、零部件的采购将直接影响到产品质量，甚至影响到产品的安全有效。特别是一些医疗器械的质量特性是直接由原材料的性质决定的，材料缺陷就会造成产品的生物相容性缺陷、产品的细菌污染等；一些医疗器械的关键部件都是定制的，产品的主要性能指标就是由这些零部件决定的；所以，医疗器械生产的采购更加注重质量管理，而价格要求可能其次。在某些医疗器械在会的注册审批时，对其原材料和零部件的来源做了法定的限制，某些原材料供应商的变更还需同时申请注册变更，所以，医疗器械生产的采购还具有一定的法定特性。

　　一般采购管理的原则包括：

　　1. 首先必须建立完善的供应商评审体制：对具体的供应商资格、评审程序、评审方法等都要作出明确的规定。

　　2. 建立采购流程、价格审核流程、验收流程、付款结算流程。

　　3. 完善采购员的培训制度，保证采购流程有效实施。

　　4. 建立采购的评审制度，按照相应程序规定由相关负责人联名签署生效，杜绝暗箱操作。

　　5. 规范采购样品的确认制度，分散采购部的权力。

　　6. 建立采购物品的质量复验制度，开展不定期的监督，规范采购行为。

　　7. 建立采购物品质量的反馈机制，建立供应商的统计。

　　在医疗器械的采购管理中，更加强调的是国家和行业强制标准、供应商的审计、采购物品的分类管理、采购的质量协议和检验规定、采购物品的储存管理、采购物品的追溯性要求等。

> **第三十九条** 企业应当建立采购控制程序,确保采购物品符合规定的要求,且不低于法律法规的相关规定和国家强制性标准的相关要求。

条款理解: 本条款规定了两项内容,一是要求企业建立各种物料的采购控制程序,形成采购控制程序文件;二是要求企业对各种采购物料制定规定的要求,这些要求一般都是来源于设计输出所规定的,比如品名、规格、材质、质量、性能、精度等,甚至规定供应厂商和验收要求。特别需要指出,如果国家法律法规和国家强制性标准已经做出明确规定,企业必须执行,而不得随意改变。

要点说明:

1. 充分认识采购控制的程序性。企业的采购过程是一个程序的过程,包括采购信息要求的来源、供应商(制造商)的信息、供应商审核和评价、质量协议签订和批准、合同审核和签订、进货检验和放行、库存管理、领用记录、生产使用信息反馈、对供应商的再评价等,可以形成一个完整的采购控制过程,由此可以形成相关的文件和记录。

2. 严格遵守采购物品的质量合规性。采购物品应当符合生产企业规定的质量要求,且不低于国家强制性标准,并符合法律法规的相关规定。一般来讲,医疗器械产品注册证书上对原料或部件有明确记载的,是不允许随意变更的,如果需要变更则应当申请注册变更;如果产品标准中对原料的要求有明确规定,则必须达到,不得低于该规定;如果其他采购物品需要变更时,应当进行验证试验,证明变更不会对产品造成影响,并保留验证和变更的记录。

> **第四十条** 企业应当根据采购物品对产品的影响,确定对采购物品实行控制的方式和程度。

条款理解: 本条款提出根据采购物品对所生产的产品质量的影响程度,来决定对采购物品采取质量控制的方式和程度的要求。简单地讲,就是对不同的采购物品采用"分类管理"的要求。一个医疗器械产品如果复杂的话,可能有成千上万的零部件,在生产过程有主要原料,也需要有辅助材料。对这么多的物料,我们不可能用一个同一的方式进行同样的管理,必须进行分类管理。否则就会轻重不分、主次不分,或者增加许多生产成本。分类管理的主要问题,是在质量管理中必须确定"分类的方式"和"分类后管理的程序"。

要点说明: 在如何对生产医疗器械的采购物品进行分类的规定方面,目前没有现成的法规或者标准,主要是由企业在产品设计输出时,提出并制定采购物品的分类清单。分类清单可以将物品分为"A、B、C"三类进行管理。当然也可以参考产品的强制性国家标准或者行业标准、可以参考国家总局发布的"医疗器械产品注册技术指导原则"的文件。

为了确定采购物品对产品的影响程度,便于企业进行分类管理,我们提出以下一些因素,提供给企业参考。

1. 采购物品是标准件或是定制件。一般标准件要求较低,定制件要求较高。

2. 采购物品生产工艺的复杂程度。一般工艺简单、直观、可以直接检验的要求较低,而工艺复杂、物料成型后企业无法进行检验复核的要求就高。

3. 采购物品对产品质量安全的影响程度。采购物品如果可以直接分装或者经过简单加工就可以形成产品的要求就高,如果是形成产品的核心部件或者主要结构或者直接决定产品的性能的要求就高,如果是无菌医疗器械的内包装材料或者直接组成产品的零部件及材料或者是零部件的黏结剂等要求就高,如果是植入性医疗器械的原材料或者辅助材料等要求就高,如果元器件或者零部件可以直接影响医疗器械产品安全性能的要求就高。这些因素构成从严管理的分类清单。

4. 所采购的物品是供应商首次或是持续为医疗器械生产企业生产的。一般对首次供应商应当从严管理,对持续供应且质量保持稳定的可以采用一般管理。

5. 如果医疗器械产品注册证上及其附件中所载明了原材料或者零部件的供应商,这些采购的物品应当从严管理。

6. 采用分包装生产或者委托生产的医疗器械,其采购的物品应当从严管理,而且应当由分包装生产方或者委托方负责,提出分类管理的清单和要求。

医疗器械采购物品的分类管理,对"A"类物品要建立严格的供应商审核制度和程序,对采购物品要建立质量协议和验收标准,所采购的物品要建立台账和使用的信息反馈等。对以"C"类物品可以采用一般采购管理要求,因为这类物品都是具有统一的国家会行业标准,批量化非定制生产,所以只要采购后,检验入库建立台账即可。"B"类物品的管理介于二者之间。分类管理的程序和制度,企业可以根据自己企业的具体情况制定。

第四十一条　企业应当建立供应商审核制度,并应当对供应商进行审核评价。必要时,应当进行现场审核。

条款理解: 本条款提出医疗器械生产企业应当按照本《规范》的要求,建立供应商审核制度,对供应商进行审核和评价,确保所采购物品满足其产品生产的质量要求。供应商审核的制度建立是本《规范》第一次提出,对此要引起重视。

国家食品药品监督管理总局近期发布了《关于医疗器械生产企业供应商审核指南的通告(2015年第1号)》。这个指南所定义的供应商是指向医疗器械生产企业提供其生产所需物品(包括服务)的企业或单位。由此可见,进行外包加工或者外包检验或者外包安装等生产服务的企业都属于供应商。

要点说明:

这份《指南》的内容是比较全面的,我们可以直接重点理解以下一些内容。

一、审核原则。根据《指南》的要求,对供应商审核的原则主要包括:(1)根据产品设计输出要求,确保医疗器械产品质量,对供应商的质量、管理和供应能力的审核评价;(2)按照分类管理的要求,制定不同的审核程序和要求;(3)审核的结果要满足产品的要求、满足法规的要求;(4)对供应商的审核要保留记录,必要时可以开展数据分析和再评价;(5)对供应商审核是以企业为主开展的质量活动。

二、审核程序。根据《指南》,对供应商的审核分为:准入审核、过程审核、评估管理三个阶段。每个阶段都有各自的程序。

(一)准入审核。生产企业应当根据对采购物品的要求,包括采购物品类别、验收准则、规格型号、规程、图样、采购数量等,制定相应的供应商准入要求,对供应商经营状况、生产能力、质量管理体系、产品质量、供货期等相关内容进行审核并保持记录。必要时应当对供应商开展现场审核,或进行产品小试样的生产验证和评价,以确保采购物品符合要求。

(二)过程审核。生产企业应当建立采购物品在使用过程中的审核程序,对采购物品的进货查验、生产使用、成品检验、不合格品处理等方面进行审核并保持记录,保证采购物品在使用过程中持续符合要求。

(三)评估管理。生产企业应当建立评估制度。应当对供应商定期进行综合评价,回顾分析其供应物品的质量、技术水平、交货能力等,并形成供应商定期审核报告,作为生产企业质量管理体系年度自查报告的必要资料。经评估发现供应商存在重大缺陷可能影响采购物品质量时,应当中止采购,及时分析已使用的采购物品对产品带来的风险,并采取相应措施。

采购物品的生产条件、规格型号、图样、生产工艺、质量标准和检验方法等可能影响质量的关键因素发生重大改变时,生产企业应当要求供应商提前告知上述变更,并对供应商进行重新评估,必要时对其进行现场审核。

三、审核要点。审核要点提出了需要关注的审核内容。

(一)文件审核。

1. 供应商资质,包括企业营业执照、合法的生产经营证明文件等;

2. 供应商的质量管理体系相关文件;

3. 采购物品生产工艺说明;

4. 采购物品性能、规格型号、安全性评估材料、企业自检报告或有资质检验机构出具的有效检验报告;

5. 其他可以在合同中规定的文件和资料。

(二)进货查验。生产企业应当严格按照规定要求进行进货查验,要求供应商按供货批次提供有效检验报告或其他质量合格证明文件。

(三)现场审核。生产企业应当建立现场审核要点及审核原则,对供应商的生产环境、工艺流程、生产过程、质量管理、储存运输条件等可能影响采购物品质量安全的因素进行审核。应当特别关注供应商提供的检验能力是否满足要求,以及是否能保证供应物品持续符合要求。

四、特殊采购物品的审核

(一)采购物品如对洁净级别有要求的,应当要求供应商提供其生产条件洁净级别的证明文件,并对供应商的相关条件和要求进行现场审核。

(二)对动物源性原材料的供应商,应当审核相关资格证明、动物检疫合格证、动物防疫合格证、执行的检疫标准等资料,必要时对饲养条件、饲料、储存运输及可能感染病毒和传染性病原体控制情况等进行延伸考察。

(三)对同种异体原材料的供应商,应当审核合法证明或伦理委员会的确认文件、志愿捐献书、供体筛查技术要求、供体病原体及必要的血清学检验报告等。

(四)生产企业应当根据定制件的要求和特点,对供应商的生产过程和质量控制情况开展现场审核。

(五)对提供灭菌服务的供应商,应当审核其资格证明和运营能力,并开展现场审核。

对提供计量、清洁、运输等服务的供应商,应当审核其资格证明和运营能力,必要时开展现场审核。

在与提供服务的供应商签订的供应合同或协议中,应当明确供方应配合购方要求提供相应记录,如灭菌时间、温度、强度记录等。有特殊储存条件要求的,应当提供运输过程储存条件记录。

综上所述,国家食品药品监督管理总局发布《指南》之后,对供应商审核的要求大大提高了,对此企业应当非常重视。为此建议企业采取相应的措施:(1)生产企业应当指定部门或人员负责供应商的审核,审核人员应当熟悉相关的法规,具备相应的专业知识和工作经验。(2)生产企业应当有专门的机构和人员参与主要供应商质量协议签订,规定采购物品的技术要求、质量要求等内容,明确双方所承担的质量责任。(3)生产企业应当建立供应商档案,包括采购合同或协议、采购物品清单、供应商资质证明文件、质量标准、验收准则、供应商定期审核报告等。

第四十二条 企业应当与主要原材料供应商签订质量协议,明确双方所承担的质量责任。

条款理解: 本条款提出对主要原材料的质量协议的要求,是前述条款的进一步强调。

要点说明:

我们应该深入理解主要原材料的定义和范围,同时符合前述条款中提出的分类管理的原则。一般企业在原材料的采购中,经常遇到的问题是原材料的质量检验问题,生产企业往往不可能有对原材料的检验能力,需要直接从供应商获得产品的检验报告。如果对供应商的检验报告怀疑,企业可以抽样委托第三方检验机构进行验证性检验,对供应商的检验报告进行校正。

第四十三条 采购时应当明确采购信息,清晰表述采购要求,包括采购物品类别、验收准则、规格型号、规程、图样等内容。应当建立采购记录,包括采购合同、原材料清单、供应商资质证明文件、质量标准、检验报告及验收标准等。采购记录应当满足可追溯要求。

条款理解：本条款提出了对物品采购应当明确的信息内容，这些内容也是在质量管理体系审核时，企业需要提供的证据。

要点说明：

1. 由于本条款中举例的采购信息内容比较多，各种方面考虑的比较全面，而实际采购中不一定会获取这么多信息，所以建议企业根据不同类型的采购物品，"明确"必须获取的相应信息模式，这样不至于在采购管理中经常出错。

2. 采购记录一般还包括另外两个方面的内容。一是企业建立的供应商审核档案。供应商审核档案不但包括前述条款中的内容，还包括每年审核的动态信息、包括供应商资质证书变化以后的留存。二是每一次实施对供应商物品采购以后的记录，包括合同和采购、入库的台账等。这两种记录不一定存放在一起，但各自的作用应当十分清楚。

第四十四条 企业应当对采购物品进行检验或者验证，确保满足生产要求。

条款理解：本条款提出了在生产需要的时候，对采购的物品进行检验和验证。所谓"检验"的方法，一般是指按照相关标准或者协议，通过实验室的检测，证明达到规定的性能指标的过程。但是，不是所有的物品都可以采用检验的方法，有时会遇到成品物品因破坏性而无法检验、或者因为成本原因不适合检验等情况，所以要采用验证的方式来求证物品的可用性，供应商质量的可控性。所谓"验证"方式，除了采用部分实验室检测以外，还可以包括计算、小样、试用、推演、确认等。

要点说明：

1. 企业对供应商所提供产品的接受要求，包括对产品（原材料、零部件、服务）的验证方式、对验证文件的具体内容（如符合性报告、检验报告、确认数据等）都应明确规定。

2. 采用何种方式进行检验和验证需要在与供应商的质量协议中规定，应尽量采用标准所规定的检测技术，或者定期委托第三方进行校验。对需要进行"确认"的外包服务，比如灭菌消毒的确认，应当在协议中规定服务方提供何种数据资料和记录。同时，还可以规定委托方是否需进行抽样的灭菌效果检验等。

3. 企业对采购的重要物品可以确定再检验或者再验证的要求。这就是在定期或者在长期停产以后对物品进行再验证。

4. 再检验和再验证都需要增加生产成本,往往不得已而为之,所以企业主要的还是要加强对采购物品的管理,建立台账,先进先出,并且选择重要参数进行采购物品的质量控制。

5. 采购物品的储运条件十分重要,有关内容已经在前面"厂房与设施"一章中说明。

第八章 生 产 管 理

生产过程是产品实现的最主要过程之一,也是周期最长的过程。生产管理就是对生产过程控制。对生产过程的控制有广义范围的控制,也有狭义范围的控制。广义范围的控制要从原材料采购领用,到产成品的检验放行入库为止。而本《规范》提出的是狭义范围的生产过程控制,主要是涉及产品在加工过程中的质量控制。

产品生产过程中的质量控制,是为了确保产品生产过程处于受控状态,对直接或间接影响产品质量的生产、安装和服务过程所采取的作业技术和对生产过程进行分析,诊断和监控。在本《规范》中特别提出:(1)生产关键过程控制管理。按照关键工序、特殊工序具有不易测量的特性,对有关设备、操作、参数所需特殊技能以及特殊过程进行重点控制。(2)生产特殊环境和工艺特点的控制管理。在生产过程中,以适当的频次监测、控制和验证过程参数,把握所有设备及操作人员等是否能满足产品质量的需要。(3)对产品生产批号和生产状态的可追溯控制管理。确保在质量追溯过程中可以进行回顾,以便于采取控制措施。(4)产品验证状态的控制管理。采用适当的方法对生产过程的验证状态进行标识,通过标识区别未经验证、合格或不合格的产品,并通过标识识别验证的责任。(5)强调了生产过程中产品防护的控制管理。防止其他因素影响产品质量的可能性,及时改善和纠正过程中的不足。

但是,还是需要说明的是,医疗器械产品的复杂性,决定了其生产工艺的多样性,很难用工业生产的某一个行业的特点来描述医疗器械生产。所以,在本《规范》中并不可能具体规定生产工艺规程,主要是提出需要关注的方向和环节。在《规范》的附录中,针对无菌医疗器械、植入性医疗器械、体外诊断试剂生产过程会提出一些相对具体生产环节控制要求,但也不可能覆盖全部。功夫不在纸上,每个企业要能够确保生产出高质量的产品,最主要的还是要采用最先进适用的现代工艺技术,做出最好的设计转换工作。本《规范》所提出的要求,还仅是在管理控制方面的关注点。

第四十五条　企业应当按照建立的质量管理体系进行生产,以保证产品符合强制性标准和经注册或者备案的产品技术要求。

条款理解: 本条款是直接引用了《医疗器械监督管理条例》第二十四条的表述。其重点表述了医疗器械生产企业应当承担的质量责任,这种质量责任也是法律责任,是法律明文规定的责任。

要点说明:

1. 在《医疗器械监督管理条例》和《医疗器械生产监督管理办法》中都规定了企业建立质量管理体系的责任,同时规定没有建立质量管理体系,或者不运行质量管理体系时要受到不予许可或者行政处罚。那么,什么是"没有建立"、"不运行"质量管理体系呢? 这里不能简单地用是否违法本《规范》的具体条款来理解。这是因为,任何企业在接受质量管理体系的检查中,被发现存在一些缺陷和不合格项,这些缺陷和不合格项是被允许进行整改的,企业采用正确的预防纠正措施,可以确保企业的质量管理体系不断地提高。那么,按照质量管理体系审核的要求来理解,如果在质量管理体系核查中发现企业在质量管理中存在缺陷或者不合格项,除了直接引用强制性标准的规定、或者法规明确表述必须实施内容以外,一般不作出判断"严重不合格项"的依据。如果规定的太具体,不利于企业生产技术的发展。根据国际上质量体系检查的原则,我们提出了判定"严重不合格项"的 5 条标准供参考。

(1) 体系运行中出现系统性失效,某一个(段)生产过程或管理系统基本没有质量管理的实施和控制,同样的错误多次重复的发生;

(2) 体系运行出现区域性失效,某一部门(场所)基本没有质量管理的实施和控制,回避在体系管理之外;

(3) 发现违反国家法律法规的具体事项;

(4) 前次检查的"不合格"事项,重复发现,未得到纠正;

(5) 发现已经发生或者可能会严重影响产品安全性或风险很高的不合格事项。

只要符合"严重不合格"的判定原则,就可以定为"严重不合格项"。其他基于证据描述的不符合检查规范的事实,可以判定为"一般不合格项",应当允许企业整改纠正。

2. 产品符合强制性标准和经注册或者备案的产品技术要求是一个硬性指标,必须要有客观检测的证据或者实际使用结果的证据证明。所以,企业必须关注的是国家相关部门的质量抽验报告,以及临床使用单位反映的不良事件报告。

如果企业在产品的生产以后,在市场上被相关部门进行质量抽验发现出现不合格产品时,企业也应当首先关注出现"不合格项"的事实,什么项目不合格,出现不合格项是已知可能的还是从来未知的,出现不合格项是什么原因造成的,出现的不合格项是否具有较大风险,是否要及时处理,一切结论和处理意见都应当建立在科学、客观的分析之后。

> **第四十六条**　企业应当编制生产工艺规程、作业指导书等,明确关键工序和特殊过程。

条款理解：医疗器械产品的生产是一个系统过程,一个大的生产过程又有许多小过程或者子系统组成。所以,为了明晰地表达产品的生产过程,有利于进行生产策划或者生产核查,一般往往采用编制生产过程(工艺)图的方式表示。在生产工艺图上可以直观地看清楚各个生产过程,同时在工艺图上可以直接标注"关键工序"、"特殊工序"以及"生产过程检验点"等。

所谓"关键工序",在制造业中的定义是指：(1) 对成品的质量、性能、功能、寿命、可靠性及成本等有直接影响的工序；(2) 产品重要质量特性形成的工序；(3) 工艺复杂,质量容易波动,对工人技艺要求高或总是发生问题较多的工序。

所谓"特殊工序"的定义是指：生产工序(过程)完成后,不能或难以由后续检测、监控加以验证的作业工序(过程)。所以,"特殊工序"也是制造业的一个生产工序,但其必须在工序的过程中进行质量控制,比如时间、温度、压力、配方等参数控制,这些参数决定了生产工序过程的质量,一般的后续检验是很难直接发现问题的。

"生产过程检验点",一般是指在多工序或者流水线生产的情况下,在生产过程中设置专门的检验工序(岗位),对生产过程中的部分需要控制的参数进行检验。当然,在生产加工过程中,某一工序的生产工人也可以采用"自检"、"首检"等形式来控制质量,但此时就没有必要标注为"生产过程检验点"了。

要点说明：

1. 编制生产工艺规程、作业指导书等文件的过程，实际上是在前述设计和开发章节中的"设计转换"的结果。生产工艺规程、作业指导书是完成"设计转换"的验证以后，进行文字化的总结，以便于在批量生产时可以为生产者学习、模仿、操作、检查，确保产品质量稳定。

2. 生产工艺规程、作业指导书也属于企业的技术文件，所以文件的形式、格式、审批、保存、修改、受控等要求，应当与技术文件管理方式的一致。

3. 有些企业将生产工艺规程、作业指导书张贴在上产岗位上，实行看板管理，是一种比较好的方式。要注意这些生产工艺规程、作业指导书的受控状态，并且应当经常检查实际操作是否按照执行。

> **第四十七条** 在生产过程中需要对原材料、中间品等进行清洁处理的，应当明确清洁方法和要求，并对清洁效果进行验证。

条款理解： 本条款提出了在生产过程中需要进行原材料、中间品清洁处理的要求。

生产过程中对原材料、中间品进行清洁处理也属于生产工序的一个主要过程，而且属于"特殊过程"。采购的原材料、中间品的清洁处理有两种情况：其一是在原材料、中间品的生产过程中已经进行了清洁处理，通过包装使得原材料、中间品始终处于相应的"清洁状态"，可以直接用于后续生产加工。其二是将原材料、中间品在后续的生产现场进行清洁处理，使得原材料、中间品达到规定的"清洁状态"，而后用于后续的生产。几乎所有的原材料、中间品都要进行清洁处理，只不过是清洁处理的场合、时间、方法、要求不同，所以在设计输出时，应当对原材料、中间品的清洁处理或者清洁要求作出明确规定。

要点说明：

1. 所谓"清洁状态"是根据原材料、中间品的不同要求，提出的清洁等级要求。比如，无菌医疗器械的内包装材料，就规定要在与产品具有相同净化等级的条件下生产，采用多层净化包装，存储在相对干净的仓库，在进入无菌车间使用前要进行"净化缓冲"、"脱包装处理"。比如，一般加工的机械零件，在进入装配之前，也应当进行去油去屑处理，并且注入必要的润滑油，这样可以防止机械运动时的摩擦，增加运动的可靠性和寿命。在本《规范》的附录中，已经详细提出对无菌医疗器械、植入性医疗器械、体外诊断试剂的"清洁状态"等级要求,可以遵照执行。

2. 本条款提出在医疗器械生产中应当明确清洁方法和要求,并对清洁效果进行验证。由于针对不同的产品清洁的方法很多,所以企业应当根据不同的产品确定不同的清洁方法,并且编制相应的操作规程或者作业指导书。选择采用何种清洁方法,除了可以参考相关资料和经验之外,最主要的是当采用这种方式之后,要经过实验验证来确定其清洁效果。比如采用水洗、烘干以后,就可以进行抽样检验,进行显微观察和无菌培养,总结出验证数据。

3. 对于采用工艺水对医疗器械进行处理的,在如何选择工艺用水的标准时,无菌和植入性医疗器械的附录给出了详细规定,在此进行一些摘录。

工艺用水包括产品中的用水和生产过程中的用水,工艺用水的质量标准应当由企业自行提出并进行验证。同时,在无菌和植入性医疗器械的《检查评定标准》中规定:

(1)若水是最终产品的组成成分时,使用符合《药典》要求的注射用水;

(2)对于直接或间接接触心血管系统、淋巴系统或脑脊髓液或药液的无菌医疗器械,末道清洗使用符合《药典》要求的注射用水或用超滤等其他方法产生的无菌、无热原的同等要求的注射用水;

(3)与人体组织、骨腔或自然腔体接触的无菌医疗器械,末道清洗使用符合《药典》要求的纯化水;其他植入性医疗器械末道清洗使用符合《药典》要求的纯化水。

另外,我们还必须考虑在洁净生产环境中的设备清洁、工装模具清洁、工位器具清洁、物料清洁、操作台、场地、墙壁、顶棚清洁的用水;上述场合清洗的工艺用水,应当与所生产产品的清洗用水处于同一水平。

企业应当明确规定工艺用水的水质,计算实际用水量,可以确定制水的设备和管理。对使用非纯化水进行清洗的企业,为了保证产品和生产条件环境不被污染,有必要进行非纯化水的水质检查,并进行水质和生产环境的污染菌和热原检测,以确保工艺用水的安全。

还必须考虑洁净工作服和无菌工作服的洗涤用水规定,工作服洗涤、灭菌时不应带入附加的颗粒物质。对于水质差、水质不稳定、含无机盐、杂物、微生物的水,不能直接用于清洗洁净工作服,必须进行水处理。有人提出一个严格衣服清晰要求可供参考。

(1)一般生产区、30万级洁净区的工作服,至少使用经过滤的符合饮用水标准的水洗涤。(《生活饮用水卫生标准》GB5749—2006)

（2）1万级、10万级洁净区的工作服末道清洗时用纯化水洗涤,最后洗涤用过滤的注射用水。

（3）在万级下的局部百级环境中使用的无菌工作服应进行灭菌处理。

（4）不同洁净等级下使用的洁净工作服和无菌工作服不能混洗、混放,更不允许混穿。

（5）应监视和验证工作服灭菌效果。

所以,清洗工作服的水,主要是控制纯化水的质量,并验证清洗效果;采用经过滤的饮用水洗涤工作服的也要定期化验水的质量,并作验证。特别要注意清洗衣服的整理、消毒和保存。

第四十八条　企业应当根据生产工艺特点对环境进行监测,并保存记录。

条款理解: 本条款提出了对生产环境的监视的要求。由于医疗器械品种复杂,所以对生产环境的要求不尽相同,企业是根据生产工艺的特点来确定所需要的生产环境的。在无菌和植入性医疗器械的附录、体外诊断试剂附录中,也是根据不同的产品生产工艺提出了不同的生产环境要求。

要点说明: 一般而言,医疗器械生产环境根据产品的不同可以分为:无菌净化环境、清洁环境、防辐射和防电磁干扰环境、防静电环境,以及某些生产中需要防潮防湿环境等。所以,每个生产环境的要求,企业应当由文件进行规定。规定中的指标,可以参考有关规定,也可以自行决定。

对于无菌生产的环境,已经有 YY0033—2003《无菌医疗器具生产管理规范》标准的要求。该标准提出洁净室(区)空气洁净度级别应当符合下表规定:

洁净室(区)空气洁净度级别表

洁净度级别	尘粒最大允许数/m³		微生物最大允许数	
	$\geqslant 0.5\ \mu m$	$\geqslant 5\ \mu m$	浮游菌/m³	沉降菌/皿
100 级	3 500	0	5	1
10 000 级	350 000	2 000	100	3
100 000 级	3 500 000	20 000	500	10
300 000 级	10 500 000	60 000	—	15

防辐射和防电磁干扰环境、或者无菌生产环境等在初次申请生产许可时,需

要出具相关有资质的第三方检测机构出具的检测报告。对此,企业应当引起关注。

但是,为了确保生产环境始终符合规定的要求,确保满足生产产品的要求,企业更应当建立对生产环境进行定期自我检测的文件制度。按照文件规定在完成检测后,保存记录。如果能够将记录的数据开展数据和趋势分析,对提高生产环境的控制十分有用。

第四十九条　企业应当对生产的特殊过程进行确认,并保存记录,包括确认方案、确认方法、操作人员、结果评价、再确认等内容。

生产过程中采用的计算机软件对产品质量有影响的,应当进行验证或者确认。

条款理解：本条款对应前述第四十六条提出的"特殊过程"。由于"特殊过程(工序)"完成后,一般无法由后续生产过程进行检验来控制质量,所以提出了采用"确认"的评价方法。所谓"确认",就是通过对在"特殊过程(工序)"中形成的有关数据、记录等证据进行评价并予以确认合格的过程。当然,需要确认的数据、记录等证据不是凭空而来,而是通过大量的实验验证而获得数据,经过处理评价确定的,并且将这些确定的数值范围在生产工艺规程或者作业指导书进行规定。所以,本条款中提出的"并保存记录,包括确认方案、确认方法、操作人员、结果评价、再确认等内容",其本质上就是记录实验验证过程的结果。

有关实验验证的设计是生产管理控制的一个难题,因为不同的产品、不同的生产工艺就会形成许多试验验证的方法。比如,无菌医疗器械的消毒灭菌,就有高压蒸汽灭菌、环氧乙烷化学气体灭菌、辐照射线灭菌,还有低温等离子灭菌等。每一种灭菌方法的试验过程和实验数据都不一样。一般来讲,实验验证就是要根据需要证明的目的设计一个试验的方案并通过实验获得数据和结果的过程。设计实验验证方案,需要考虑验证目的、参加人员、验证依据、验证内容、验证条件、验证方法、目标数值和偏差限度、结果评价标准和方式。最终根据数据分析确定生产工艺的控制参数等,指导生产操作规程。在正常生产时,就可以对每一次生产过程获得的参数进行确认。

要点说明：

1. 作为对特殊工序过程的确认文件形成,实际上也是产品在"设计转换"中的输出结果。但是在质量体系核查时，往往会要求提供进行确认的依据。比如，会要求企业提供产品消毒灭菌确认的验证报告。所以，企业应当保存所有的特殊工序过程的确认验证报告。建议企业将一个产品在设计转换过程中进行的全部验证试验的结果和报告汇编成册，有利于在出现生产过程中质量的变化和波动时进行原因分析，有利于进行工艺技术改进时作为参考资料，有利于应对管理部门的检查。

2. 生产过程中采用的计算机软件，主要是指直接控制生产设备完成加工过程的软件，而不是指进行管理的软件。比如，数控机床的编码软件、塑料注塑机的控制软件等。由于整个产品的加工质量都是由设备以及控制下完成的，所以要确认这个软件的运用，都必须进行验证。包括首件检验、数据保存、过程抽样等都是验证过程。对此，企业应当作出相应的规定。

> **第五十条** 每批（台）产品均应当有生产记录，并满足可追溯的要求。
> 生产记录包括产品名称、规格型号、原材料批号、生产批号或者产品编号、生产日期、数量、主要设备、工艺参数、操作人员等内容。

条款理解：本条款提出的是建立批生产记录的要求。我们首先要理解什么是"生产批号"？"生产批号"就是用于识别"生产产品批"的一组数字或字母加数字的标识，可用于追溯和核查该批产品的生产历史。如何建立"生产批号"？因为在工业生产中，虽然原料和工艺规定相同，但是每一批投料生产出来的产品，在质量和性能上还是有差异的，通过批号管理以示区别，以利于发生问题时可以进行追溯，或者对留样产品进行复检等。为此，建立批号的原则，建议根据按采用相同批号的原材料、按照相同的生产条件、采用相同的加工参数生产出来的产品为一个批号。比如，相同原材料加工的零件，在采用热处理时采用了同一参数时，可以形成一个批号。比如，在一个消毒灭菌柜中，采用同一灭菌参数时，可以为一个灭菌批号。显然，一个批号的产品数量越大，生产的批号数就越少，越容易管理。

本条款还规定了建立生产记录的要求。企业建立生产记录是质量管理的重要内容。完整生产记录可以对生产过程进行追溯，可以对生产数量进行核对，可以及时发现生产过程遗漏的环节，可以起到对生产数据进行统计分析的作用等。

要点说明：

1. 企业应当根据所生产产品的特点，制定批号管理的制度，规定批号的确立，批号的组成和表达，将批号管理贯穿到产品生产的全过程，形成文件，共同执行。

2. 企业应当针对每个产品制定不同的生产记录。生产记录包括产品名称、规格型号、原材料批号、生产批号或者产品编号、生产日期、数量、主要设备、工艺参数、操作人员等内容。如果是按照不同产品形成的生产记录，上述内容中有些内容是固定的，如产品名称、规格型号、主要设备、工艺参数等。有些内容是根据生产情况填写的，如原材料批号、生产批号或者产品编号、生产日期、数量、操作人员等。产品的生产记录可以是连续的，也可以是分段的，这要根据生产的过程来决定。

3. 此外，设计生产记录要求简单、清晰，能直接反映生产工序，最好没有空格，这样便于管理。

4. 生产记录在产品生产完成以后，是产品放行的确认资料。生产记录要妥善保存，一般保存到产品的有效期后一年，但是一般不少于两年。对于无有效期的产品，企业应当规定保管期限，最好在产品三包期限以后。

> **第五十一条** 企业应当建立产品标识控制程序，用适宜的方法对产品进行标识，以便识别，防止混用和错用。

条款理解：本条款提出企业应当建立对产品进行标识控制的管理制度。这里所指的产品，应当包括产成品，也包括零部件、中间品。

进行产品标识的目的可以区别产品的型号规格，明确产品处在生产的何种阶段，是否已经检验，是否属于合格品，防止选用错误，防止混用和错用。对产品标识进行控制和记录，还有利于生产的调度和安排。

要点说明：

1. 要建立产品(含零部件、中间品)的标识制度。在制度中应当规定标识的内容、标记、代号、形式、颜色，以及由谁负责、由谁检查等。

2. 当产品的状态发生转变时，要及时进行标识的改变，所以还应当考虑标识的清除。另外，进行标识时不能污染产品。

3. 对有些特殊的物品，比如体外诊断试剂所用的化学品，进行开瓶试用后，也应当及时进行开瓶标识,以确保尽早使用,以免因受潮而失去稳定性。对无菌产品的内包装材料进行初始菌检测以后,已经开包的产品,要重新封闭,并采取妥善的保管方式,防止二次污染。

> 第五十二条 企业应当在生产过程中标识产品的检验状态,防止不合格中间产品流向下道工序。

条款理解:本条款与上一条款接近,主要强调了对处于检验状态的产成品和零部件,进行待检验、合格或者不合格的标识要求。进行标识的目的,也是为了防止在生产中误用未检验的零部件或者使用了不合格的零部件。

要点说明:产品的检验状态一般分为"待检"、"已检"、"合格"、"不合格"、"待返工"等。为了严格区别,除了文字以外,建议采用颜色进行区分,提高醒目。对"待检"、"不合格"、"待返工"的中间品要严格控制,防止误用。在生产车间的存放现场,建议划分"待检验区"、"不合格品区"、"合格品区",不易混淆。

> 第五十三条 企业应当建立产品的可追溯性程序,规定产品追溯范围、程度、标识和必要的记录。

条款理解:本条款提出建立产品的可追溯性管理制度的问题。产品的可追溯性是质量管理中一个重大问题,《医疗器械监督管理条例》第三十二条规定:医疗器械经营企业、使用单位购进医疗器械,应当查验供货者的资质和医疗器械的合格证明文件,建立进货查验记录制度。从事第二类、第三类医疗器械批发业务以及第三类医疗器械零售业务的经营企业,还应当建立销售记录制度。

记录事项包括:(1)医疗器械的名称、型号、规格、数量;(2)医疗器械的生产批号、有效期、销售日期;(3)生产企业的名称;(4)供货者或者购货者的名称、地址及联系方式;(5)相关许可证明文件编号等。进货查验记录和销售记录应当真实,并按照国务院食品药品监督管理部门规定的期限予以保存。国家鼓励采用先进技术手段进行记录。

《医疗器械监督管理条例》第三十七条规定:医疗器械使用单位应当妥善保存购入第三类医疗器械的原始资料,并确保信息具有可追溯性。使用大型医疗器械以及植入和介入类医疗器械的,应当将医疗器械的名称、关键性技术参数等信息以及与使用质量安全密切相关的必要信息记载到病历等相关记录中。

这两个法条,是从医疗器械生产企业的产品向外销售的角度提出了可追溯性的要求。反之,经营使用单位依法需要进行记录和追溯的信息,首先是从生产企业开始建立的。所以,生产企业就要研究每个产品的信息如何满足经营和使用单位的需求。

另外一个方向是企业为了质量管理,可以建立从产品出发,向内追溯到原材料采购、投料的环节。一旦如果产品发生了质量问题,或者发生的使用伤害问题,在分析原因时,就可以追根溯源。

但是,我们必须清醒地认识,任何开展对医疗器械产品的追溯,特别是要能够达到产品完整的追溯性要求,是需要花费很多生产成本的。因此,什么是需要深入追溯的,什么是可以一般追溯的,在什么阶段是没有必要追溯下去的,如何在生产中所以如何设计好一个产品的可追溯制度,都是需要生产企业进行深入研究的。

要点说明:

1.《医疗器械监督管理条例》的第三十二条提出了一般性医疗器械产品的可追溯性要求,作为生产企业在产品出厂时应当提供上述"记录事项"要求的全部内容。随后需要加强对销售单位和使用单位的调查管理,确保可追溯的实现。

2.《医疗器械监督管理条例》第三十七条提出了植入和介入性产品的使用追溯要求,这种要求比较高,要求记录在患者的病历中。目前,国家食品药品监督管理总局正在制定一个全国统一的方式,生产企业应当对此予以关注。

3. 企业内部对生产过程的追溯,已经在前述的生产记录中有所规定,企业也应与关注。

第五十四条　产品的说明书、标签应当符合相关法律法规及标准要求。

条款理解:《医疗器械监督管理条例》第二十七条对本条款的要求做出了明确规定:医疗器械应当有说明书、标签。说明书、标签的内容应当与经注册或者备案的相关内容一致。医疗器械的说明书、标签应当标明下列事项:(1)通用名称、型号、规格;(2)生产企业的名称和住所、生产地址及联系方式;(3)产品技术要求的编号;(4)生产日期和使用期限或者失效日期;(5)产品性能、主要结构、适用范围;(6) 禁忌症、注意事项以及其他需要警示或者提示的内容;(7) 安装和使用说明或者图示;(8) 维护和保养方法,特殊储存条件、方法;(9) 产品技术要求规定应当标明的其他内容。第二类、第三类医疗器械还应当标明医疗器械注册证编号和医疗器械注册人的名称、地址及联系方式。由消费者个人自行使用的医疗器械还应当具有安全使用的特别说明。

为了具体实施《医疗器械监督管理条例》的规定,国家食品药品监督管理总局还发布了总局 6 号令《医疗器械说明书和标签管理规定》。

《医疗器械说明书和标签管理规定》中进一步定义,"医疗器械说明书"是指由医疗器械注册人或者备案人制作,随产品提供给用户,涵盖该产品安全有效的基本信息,用以指导正确安装、调试、操作、使用、维护、保养的技术文件。"医疗器械标签"是指在医疗器械或者其包装上附有的用于识别产品特征和标明安全警示等信息的文字说明及图形、符号。从执行法规的要求出发,《医疗器械说明书和标签管理规定》提出:(1) 医疗器械说明书和标签的内容应当科学、真实、完整、准确,并与产品特性相一致;(2) 医疗器械说明书和标签的内容应当与经注册或者备案的相关内容一致;(3) 医疗器械标签的内容应当与说明书有关内容相符合。总之,要保持真实、科学、可信。

要点说明:由于医疗器械产品分类复杂,大型单台产品与成品消耗性产品的包装、销售形态可定不一样,所以,产品的说明书、标签也肯定不一样。我们不应该强调产品说明书和标签的形式,应当更加关注说明书和标签所包含的内容要素是否符合法规的要求。

比如,如果已经有国家或者行业标准规定的说明内容和标签形式,则企业应当严格执行,需要变化的,在产品注册时予以说明;对于最小销售单元,单台产品与成批产品是不一样的,一般以到达使用单位的包装形式为最小单位,如果有些产品可以拆零销售的话,应当允许销售单位补充说明书和标签;对于流水线生产的产品,应当允许把生产日期标注在产品的外包装上,或者指示在何时查阅产品生产日期或有效期;对于大型设备,可以允许将产品说明的内容,与安装说明、与使用说明分别编成不同的册子,便于使用。当然,上述这些规定,企业应当在产品设计输出文件中予以明确的规定。

另外,对于如何编制说明书、说明书如何修改、说明书所具有的法定属性都已经在《医疗器械说明书和标签管理规定》中规定,企业必须对此引起重视。

第五十五条 企业应当建立产品防护程序,规定产品及其组成部分的防护要求,包括污染防护、静电防护、粉尘防护、腐蚀防护、运输防护等要求。防护应当包括标识、搬运、包装、贮存和保护等。

条款理解: 本条款提出实行产品防护的要求。所谓"产品防护"是指企业在把产品(包括组成产品的原材料、零部件、中间件、半成品)交付到下一步生产工序或者成品组装前所做的保护工作,对产品提供防护,以防止产品的变质、损坏和错用。所以,产品防护在现代企业生产过程中十分重要。

要点说明:

1. 在企业设计产品防护中,要考虑"全过程、全方位、全要素、全体系"。全过程是指对原材料、半成品、制成品、出包装材料,以及产品入库出厂运输、在医疗机构使用中的所有过程都应当开率防护问题。全方位是指对上述物品在采购中、储存中、运输中,甚至在供方保管过程中都要考虑防护问题。全要素是指对于产品防护要从库房保管、保存器皿容器、保管标签标识等方面制定防护的规则。全体系是指在质量管理中要建立产品防护的程序文件、建立产品防护的标准或者标识规定、建立产品保管的账卡,以及在产品的说明书中也应当包含产品防护的要求。

2. 产品的防护是要根据产品的特性采取相应的措施,所以也属于设计转换的重要内容。对产品防护所采取的措施的有效性,必要时可以开展评审,以评价防护的有效性。对已经采取防护并且长期保存的产品,应当在一定的时期开展防护效果的再评价。

3. 采用产品防护的方法,还要注意防护用具的清洗消毒,或者无害处理,防止对产品或者环境的二次污染。

4. 如果采用低温保存、无菌保存方式进行产品防护的,除了必须配备并确保设备设施的完好,还应当按照规定定时监视和记录相关数据,以便追溯检查。

第九章　质量控制

　　确保医疗器械产品质量是医疗器械生产企业和医疗器械监督管理的共同目标。质量控制的目标，也就是为了确保医疗器械产品的质量符合国家和行业标准、符合经注册的产品技术要求。然而，本章节所讲的"质量控制"主要是指，在产品的生产过程中和产品生产完成以后所进行的质量检测过程控制。

　　如同医疗器械生产过程控制一样，本《规范》也不可能对具体的质量检测进行详细的规定。本《规范》从质量控制的程序、产品放行、检测仪器的管理、检验规程、检验报告和留样管理等方面做了统一的规范要求。

　　学习理解质量控制，一定要结合生产企业的具体情况。近几年来，医疗器械的生产技术在发展，医疗器械的检测技术也在快速发展。许多新的检测仪器、新的评判技术、新的数据处理技术都运用到医疗器械的生产中，这些新技术的管理已经超出了原来的管理思路和理念，为此需要不断地探索。

> **第五十六条**　企业应当建立质量控制程序，规定产品检验部门、人员、操作等要求，并规定检验仪器和设备的使用、校准等要求，以及产品放行的程序。

　　条款理解： 本条款提出了三个问题。其一是提出建立质量控制的程序文件。这里提出的"质量控制程序"，是指对产品进行技术测量时的质量控制，也就是 QC。包括在生产工艺过程中的测量和产品完成后的测量。因为确定这些测量过程和对测量结果的处理是一个程序过程，所以要建立程序文件。其二提出对产品检验部门、人员、仪器设备、操作工作进行管理的要求，这就需要企业建立管理制度文件。其三是提出了产品放行的概念，提出建立产品放行程序。

　　要点说明：

　　1. 企业的质量技术检测是在产品生产实现中的一个环节，根据不同的产品,在不同的工序中,乃至最终产品完成后,或者交付到使用者后都会遇到产品技术检测的问题。为此,企业可以根据不同的情况制定不同的程序,形成不同的程序文件。然而,程序文件中应当规定检测要求的提出、检测任务的下达、检测技术要求的规定和变更、检测任务责任部门、检测操作规程、检测记录、数据分析、相互监督检查,以及检测结果的保存等。

2. 企业必须建立质量检测部门,特别是已经完成生产的产成品检测应当是由单独的部门进行检测,以利于开展对生产过程的质量控制。而生产过程中的工序检测岗位和人员,可以隶属于生产部门管理,比如与生产流水线的操作人员一起翻班操作等,也可以直接由企业的质量检测部门管理。对于质量检验部门的管理文件就需要明确以下的主要内容:(1) 检测部门的组织结构;(2) 检测部门的职责;(3) 检测部门的人员要求;(4) 检测部门的培训和考核;(5) 检测部门的管理;(6) 检测设备的管理;(7) 检测设备的校正;(8) 检测设备的使用和维护;(9) 检测文件管理;(10) 检测记录管理。

3. 企业要建立产品放行程序和制度。产品检验只是生产实现过程中的一个环节,所以产品检验就不能替代产品放行。产品放行除了获得产品全部检验合格结果外,还应当对采购记录资料、生产记录资料、外包服务记录资料,以及用于销售后服务的全部资料的确认之后,才能进行产品放行。为此,企业应当由企业负责人确定"产品放行人",并规定和授予相应的权力。产品放行人对产品质量负有重大责任,拥有对产品放行的否决权,并且可以向上级或者监管部门报告产品不合格的情况。企业应当针对具体的产品规定不同的放行文件,并保存产品放行记录,便于开展追溯性管理。

第五十七条 检验仪器和设备的管理使用应当符合以下要求:

(一)定期对检验仪器和设备进行校准或者检定,并予以标识;

(二)规定检验仪器和设备在搬运、维护、贮存期间的防护要求,防止检验结果失准;

(三)发现检验仪器和设备不符合要求时,应当对以往检验结果进行评价,并保存验证记录;

(四)对用于检验的计算机软件,应当确认。

条款理解:本条款规定了对检验或检测仪器设备的管理要求,并要求建立检验仪器设备的管理制度。检验仪器设备具有准确性、精密性、可靠性、系统性的特点,其使用和保管特别重要。企业需要经常考虑检测仪器设备的准确性,不能发生由于检测仪器设备的失准而引起系统性误差,或者成批产品不合格。

要点说明: 除了一般性采购、登记、使用管理以外,本条款特别强调了以下要点:

1. 检验仪器设备必须保持准确性。在本《规范》的第二十三条关于计量仪器的管理中,已经对强制计量校正做了详细说明。

2. 检验仪器设备要保持精密性,就要在各个环节做好防护工作。在检验设备处于搬运、维修,或者长期储存、或者暂停使用的情况下,在使用前都应当进行校准。特别精密的仪器设备,在每次使用时都应当有使用记录,这样一旦发现检验仪器设备存在不准确的问题时可以进行追溯,对由于检验仪器设备不准确引起的产品质量问题及时发现,采取相应措施。

3. 检验仪器设备的使用可靠性也十分重要。一个企业的检验系统如果发生偏差,是十分可怕的,将会造成全部生产产品不合格而浑然不知,会引起企业没有能力去发现存在的问题。所以,对于重要的检验系统,必要时可以定期委托第三方检验机构或者检验实验室,同时开展产品比对检验,通过对不同机构检验报告的分析,可以及时发现问题,或者进行必要的纠正和预防。

4. 检验仪器设备管理中可以经常引用系统分析的方式。对一个产品或者一个参数的检验,可以有多种方法进行或者进行对比推算。所以,企业在必要时可以建立监测量值的传递,或者建立其他方面的数据比较。还有企业对检验的产品经常进行数据趋势分析,一旦发现异动,就应该进行分析研究,查找原因。

第五十八条　企业应当根据强制性标准以及经注册或者备案的产品技术要求制定产品的检验规程,并出具相应的检验报告或者证书。

　　需要常规控制的进货检验、过程检验和成品检验项目原则上不得进行委托检验。对于检验条件和设备要求较高,确需委托检验的项目,可委托具有资质的机构进行检验,以证明产品符合强制性标准和经注册或者备案的产品技术要求。

条款理解: 本条款规定了在产品质量控制中的检验要求。其内容包括:
(1)是指对产品的检验;(2)是指对原材料、零部件、中间体、半成品的检验;

（3）是指对委托检验的要求；（4）是指环境监测的要求。这些不同场合下的技术检验要求、检验规程、工作程序是不一样的，所以企业需要根据不同的要求，制定相应的管理文件。

要点说明：

1.《医疗器械监督管理条例》第二十四条规定：医疗器械生产企业应当严格按照经注册或者备案的产品技术要求组织生产，保证出厂的医疗器械符合强制性标准以及经注册或者备案的产品技术要求。国家食品药品监督管理总局在《关于发布医疗器械产品技术要求编写指导原则的通告》（2014 年第 9 号通告）中提出了医疗器械产品技术要求的内容包含：（1）产品名称；（2）产品型号/规格及其划分说明；（3）性能指标；（4）检验方法。

在这个通告中特别提出，产品技术要求中的性能指标是指可进行客观判定的成品的功能性、安全性指标以及质量控制相关的其他指标。规定所确定的检验方法的制定应与相应的性能指标相适应。应优先考虑采用公认的或已颁布的标准检验方法。检验方法的制定需保证具有可重现性和可操作性，需要时明确样品的制备方法，必要时可附相应图示进行说明，文本较大的可以附录形式提供。

为了保证这些性能指标能够得到规定的检验，企业就必须为这些性能指标的检验编制检验规程配备检测仪器设备。检验规程可以表明检验项目、检验仪器、检验条件、检验方式、数据记录、评判标准等。通过按照检验规程的操作，完成对产品的检验，并出具检验报告。

显然，经注册的产品技术要求已经达到评判产品是否合格的法律文件的地位。所有出厂的产品都要按照产品技术要求进行出厂检验，合格方能放行。企业的检验仪器和检验能力都必须满足产品技术要求规定的性能指标的检验（委托检验除外），如果存在缺项，就是将未经完成检验的产品放行出厂。

2. 对原材料、零部件、中间体、半成品开展的进货检验、过程检验和成品检验项目是属于生产工艺过程所规定的内容，所以企业应当根据生产工艺文件的规定配备必要的检验仪器设备和检验能力，就是要写到做到。有些重要的原材料、零部件采购时，医疗器械生产企业并不具备检测的条件，所以在采购合同和质量协议中必须明确这些指标的内容，同时明确由谁负责检测并出具检测报告。

3. 对于进货检验、过程检验和成品检验项目原则上不得进行委托检验，这是对企业进行质量控制的基本要求。但是《规范》允许例外，就是"对于检验条件和设备要求较高,确需委托检验的项目,可委托具有资质的机构进行检验"。这里必须清楚地说明,当企业确定了"检验条件和设备要求较高"的检验项目,开展委托检验时,需要检验的样本的数量必须符合产品标准的规定。比如标准规定是每件要检验,即使委托也必须全检,不得减少数量;标准规定可以随机抽样的,就应当按照规定抽取相当数量的产品委托检验。所以,委托检验只适应于产品生产的初期、产量比较少的情况下,批量生产以后一般就不适应。关于"有资质的机构",这里讲的资质一般情况是指:尽量考虑经过国家食品药品监督管理总局批准的、或者经过国家认证认可部门认可的、或者在一个集团内部、或者经过开发区认可的公共实验室,否则有可能难以保证检验质量。委托检验与委托加工一样,也要明确委托方与受托方的法律责任,也要签订委托检验的合同。

4. 对于环境监测的要求,一般是指环境会经常发生动态变化的场合,比如无菌生产车间等。这方面的内容,在本《规范》的附录有详细的要求。

> **第五十九条**　每批(台)产品均应当有检验记录,并满足可追溯的要求。检验记录应当包括进货检验、过程检验和成品检验的检验记录、检验报告或者证书等。

条款理解: 本条款提出了对医疗器械产品检验记录的要求。每批(台)产品的检验记录是企业生产的档案,一方面是为了对产品进行追溯性调查时的资料,另一方面是体系核查部门进行质量管理核查的有效证据,所以十分重要。

要点说明:

1. 企业应当根据不同产品的特点,根据生产的不同阶段,做出产品完成生产后应当保留的检验记录的清单和样张。所以,条款中提及的检验记录"包括进货检验、过程检验和成品检验的检验记录、检验报告或者证书等"。具体产品的检验记录是不一样的,有多有少,而且保存的部门或者档案也是不一样的,但是文件上都应该规定清楚。前述条款中讲到产品放行,建议企业在产品放行时,将一些必要的检验记录一并收集存放。

2. 对于检验记录的保存和保存的期限也作出明确的规定。一般情况下,可以保存到产品有效期后一年,但是最少不得少于两年。

如果在仓库内留存入库原材料或者零部件的检验记录,就应当保存到使用这些原材料或者零部件全部结束以后的两年。

第六十条　企业应当规定产品放行程序、条件和放行批准要求。放行的产品应当附有合格证明。

条款理解： 本条款提出产品放行的规定。如前所述，产品放行是企业产品出厂的最后一关，所以也是对产品的全面总结。企业要制定产品放行的程序和管理文件，要规定权限和责任，要明确并授权产品放行人。

要点说明：

1. 产品放行的程序是规定产品的全部生产过程如何满足产品放行的需要，以确保全部产品放行的资料到达放行部门和放行人，规定何时启动放行检查，经过怎样的审核批准等。

产品放行的条件是根据具体的产品确定的，规定了产品放行的条件，就必须有相应的证据证明。产品放行的批准也是一个程序性的工作，但是必须保留完整有效的记录。

2. 放行的产品应当附有合格证明。合格证明是证明产品合格的凭证，也是产品合格的标签，所以法规上规定必须附有合格证明。但是对于合格证明的形式，法规上并没有规定，所以在实际使用中，有的产品用标签、有的产品用卡片、有的产品用盖章、有的产品印刷在说明书上，也有的产品与维修卡放在一起，甚至还有用磁卡的等等，没有统一规定，只要符合产品的特点都是可以的。

3. 产品的合格证明上应当有"合格"的标识以及产品放行人的标识。

第六十一条　企业应当根据产品和工艺特点制定留样管理规定，按规定进行留样，并保持留样观察记录。

条款理解： 本条款提出进行产品留样的管理要求，但是特别强调了要"根据产品和工艺特点"进行留样管理，因为不是所有的医疗器械都要（能）留样的，都需要进行留样管理。比如大型仪器设备、电子仪器装备是无需留样的。金属材料制作的骨科植入物留样并不能反映产品质量的问题。所以，企业要根据产品和工艺特点制定相应的留样制度。

要点说明：

1. 首先要确定留样的目的。留样的目的是：（1）当发生产品质量纠纷时，对留样的产品进行检测,以便于质量纠纷的处理,也称留样备查。(2)在规定的贮存条件下和规定的期限(有效期)内产品有效性的验证,也称有效期验证。(3)对产品质量进行时效考核,为产品质量改进提供科学依据等。

2. 根据留样的目的来确定留样样品的数量和抽取。由于产品具体的留样目的不同,所以留样的数量也是不同的。比如为了对研制产品的长期质量进行跟踪留样,可以根据跟踪周期的长短,选择留样的数量,可以满足不同阶段的试验需要。比如在新产品研制、工艺改进、工艺流程变化、设备更新等情况下,为了验证其对产品性能的影响,可采取进行产品比对留样,采用重点跟踪留样的方法。比如为了考察产品质量稳定性的留样,可以在生产批号中随机抽取一定数量产品进行留样,以便到不同的周期进行检测,获得数据。如果为了观察灭菌效果,可按灭菌批号抽取灭菌后的产品留样;如果为了观察金属材料的性能,可按材料批号或者热处理后加工的特点取样留存;如果为了观察(生物)材料稳定性,可按生产批号抽取成品留样。根据不同的需求,规定留样的批数、数量、时限、检验、处理、结果分析等是留样管理的重点。

医疗器械产品在不同成长周期内,比如初期小规模生产,转换到大规模流水线生产后,留样的目的会不一样,企业可以根据已经获得的参数对产品留样进行必要的调整,可以增加留样,也可以减少留样。我们可以逐步学习国际上先进企业的参数管理经验,通过数据的对比,来确认产品的质量,逐步减少留样的数量。

3. 产品留样的数量是要与留样的目的、需要检验的项目数量、检验的次数和频度,以及复验的要求相一致。留样的期限应当大于留样目的所需要的观察时间。留样的条件应当与产品的储存条件相一致。企业应当保存实验的参数、记录、评价和验证报告,并保证留样管理制度与实际留样的一致性。

4. 产品在留样过程中,企业可以继续开展产品的储存有效期研究和产品稳定性研究。比如体外诊断试剂的储存稳定性试验,将存放期限进行延长的试验,就可以在产品留样中进行。当然,这种研究试验也是需要制定验证方案,经过企业评审和批准的。

第十章　销售和售后服务

在《医疗器械监督管理条例》第二十条关于开办医疗器械生产企业许可条件中,规定要"有与生产的医疗器械相适应的售后服务能力"。由此可见,医疗器械的产品销售和售后服务十分重要。

建立与医疗器械相适应的售后服务能力是强化医疗器械上市后监管的重要举措。从质量管理的角度讲,上市后的医疗器械用于治病求人,安全性、有效性、可靠性是质量的基本要求。上市后的医疗器械处在各种使用环境下,有人为的因素、有自然的因素、有偶然的因素,还有医疗器械自然衰减的固有因素等,这些因素都会引起医疗器械使用的风险或者危害。从风险管理的角度,强化上市后的售后服务,也是降低风险的重要手段和措施。

提高产品质量必须讲信誉,具有严格的医疗器械产品售后服务,也是企业质量信用的重要保障,体现社会责任的重要证明。所以,本章对我国现有的医疗器械生产企业而言,显得尤为重要。

> 第六十二条　企业应当建立产品销售记录,并满足可追溯的要求。销售记录至少包括医疗器械的名称、规格、型号、数量;生产批号、有效期、销售日期、购货单位名称、地址、联系方式等内容。

条款理解: 本条款提出了对医疗器械生产企业建立医疗器械产品销售记录的要求。在《医疗器械经营监督管理办法》的第二十一条中提出:"医疗器械注册人、备案人或者生产企业在其住所或者生产地址销售医疗器械,不需办理经营许可或者备案;在其他场所贮存并现货销售医疗器械的,应当按照规定办理经营许可或者备案。"同时还提出:"医疗器械经营企业应当从具有资质的生产企业或者经营企业购进医疗器械。"虽然《医疗器械经营监督管理办法》的主要适用对象是医疗器械的经营企业,办法提出的规定是从经营企业的角度对医疗器械生产企业提出需求。但是,应当看到医疗器械生产企业除了充当生产者的角色以外,实际上也是一个医疗器械的经营者,因为生产企业本身就可以销售自己所生产的医疗器械产品,所以对相关医疗器械经营管理方面的法规也都应当熟悉和执行。

要点说明: 本条款要求生产企业建立医疗器械销售的记录。那么,规定建立医疗器械销售记录要求的目的是什么? 第一,主要是为了满足医疗器械销售以后的可追溯要求;第二,为了进一步跟踪医疗器械使用中质量信息的反馈;第三,为了开展医疗器械销售以后的服务,必要时开展用户调查,或者进行使用情况的再评价;第四,为了有效地开展医疗器械不良事件监测,或者对有缺陷的医疗器械进行召回。

《医疗器械监督管理条例》同样规定:医疗器械经营企业、使用单位购进医疗器械,应当查验供货者的资质和医疗器械的合格证明文件,建立进货查验记录制度。从事第二类、第三类医疗器械批发业务以及第三类医疗器械零售业务的经营企业,还应当建立销售记录制度。记录事项包括:(1)医疗器械的名称、型号、规格、数量;(2)医疗器械的生产批号、有效期、销售日期;(3)生产企业的名称;(4)供货者或者购货者的名称、地址及联系方式;(5)相关许可证明文件编号等。进货查验记录和销售记录应当真实,并按照国务院食品药品监督管理部门规定的期限予以保存。国家鼓励采用先进技术手段进行记录。

为了满足经营企业和使用单位的需要,医疗器械生产企业至少也应当在产品出厂时要确保具有这些信息。

目前,在我国医疗器械销售经营的渠道十分复杂,竞争十分激烈,分包转销十分严重,经销商往往会对生产企业隐瞒最终客户。在这种情况下,应当针对不同的医疗器械采取不同的销售记录方式。比如,对大型的需要维修的设备仪器应当逐台建立销售记录;对批量消耗性产品的销售记录,至少应当记录首次销售的销售商;对植入性高风险医疗器械要依靠行政管理部门的管理,建立可以追溯到患者的记录系统。

第六十三条 直接销售自产产品或者选择医疗器械经营企业,应当符合医疗器械相关法规和规范要求。发现医疗器械经营企业存在违法违规经营行为时,应当及时向当地食品药品监督管理部门报告。

条款理解：本条款提出生产企业在销售医疗器械时应当遵守的规定，即医疗器械生产企业在销售产品时要考核经营企业的合法性资质，同时要防止经营企业发生违法违规的行为。在《医疗器械监督管理条例》和《医疗器械生产监督管理办法》中并未提出如此规定。只有在上述《医疗器械经营监督管理办法》中反向提出"医疗器械经营企业应当从具有资质的生产企业或者经营企业购进医疗器械"。当然，从确保医疗器械产品质量安全有效的角度，经营企业的合法合规是十分重要的。经营企业的违法违规行为包括：经营企业无经营许可或者备案、经营企业无储存和保护产品的有效手段、经营企业夸大对产品功效的宣传、经营企业违法产品的预期用途进行促销等等。经营企业的这些行为同样会引起产品的使用风险，也会影响产品质量信誉。所以，本条款提出发现经营企业存在违法违规经营行为时，生产企业应当阻止其经营活动，并及时向当地食品药品监督管理部门报告的要求。

要点说明：

1. 企业应当根据产品的销售对象和使用者情况严格选择合格的经营企业，明确对经营企业管理的部门和职责，并为此建立管理制度。比如，零售供家庭使用的医疗器械与需要经常维修服务的大型医疗器械，以及消耗性医疗器械等，都可以有不同的经营商。

2. 对合法合规的经营商，医疗器械生产企业应当保留其必要的信息，建立医疗器械经营企业的名册，开展跟踪管理。生产企业可以经常调查经营企业的服务质量，定期开展对其的评价，确保质量管理全过程的实施。

> **第六十四条** 企业应当具备与所生产产品相适应的售后服务能力，建立健全售后服务制度。应当规定售后服务的要求并建立售后服务记录，并满足可追溯的要求。

条款理解：本条款提出了企业应当具备与生产场频相适应的售后服务能力的要求。对于医疗器械的售后服务，在新的《医疗器械监督管理条例》中提出很高的要求，如在开办医疗器械的基本条件中，提出"有与生产的医疗器械相适应的售后服务能力"的要求。这是因为在医疗器械使用的全寿命周期内，特别是在医疗机构使用的环节下，医疗器械只有保持其应当具备的性能指标，才能确保医疗器械的安全有效。而医疗器械的性能指标，随着使用时间的推移会损坏、会磨损、会衰减、会失准等,需要定期对医疗器械产品进行监测、校正、标定、维修以及升级等维修服务。所以,医疗器械上市后的售后服务是生产企业质量管理的重要内容。

要点说明:

1. 不同的医疗器械会有不同售后服务要求,所以这种服务不能"一刀切",必须有针对性,并要规定对企业的售后服务进行必要的考核和评审。

2. 售后服务必须建立管理制度。售后服务管理制度的内容至少包括服务方针、服务目标、服务对象、服务机构、服务程序、服务标准、服务记录、信息反馈、服务收费等。如果委托其他机构开展售后服务的,售后服务的责任还是医疗器械的生产企业,并且要受托机构就委托事项订立合同,并开展监管。

3. 按照售后服务制度,所有的售后服务都应当有记录、有标准、有考核。售后服务的记录,一方面是为了记录产品的特性,便于开展追溯性管理;另一方面,更主要的是这种记录是医疗器械不良事件、医疗器械产品召回、质量管理体系中管理评审和预防纠正措施的最主要的信息来源。

第六十五条 需要由企业安装的医疗器械,应当确定安装要求和安装验证的接收标准,建立安装和验收记录。

由使用单位或者其他企业进行安装、维修的,应当提供安装要求、标准和维修零部件、资料、密码等,并进行指导。

条款理解: 本条款提出对需要进行安装的医疗器械的质量管理要求。医疗器械的安装具有多种形式,比如,由生产企业直接给用户安装的,由生产企业委托第三方机构给用户安装的,由购买的医疗机构自行进行安装的,由患者购买回家进行简单安装的。对于不同的安装形式,应当具有不同的安装要求,形成不同的安装技术文件。

要点说明:

1. 医疗器械产品的安装要求是产品设计输出的主要内容之一,应当具有设计输出的安装文件,并将这些技术文件转换成产品说明书或者安装说明书。越是复杂的医疗器械,其安装说明书也详细,并且可能单独成册。对于需要使用者在家庭使用中进行简单安装的医疗器械,其说明书应当简单明了,甚至可以用图解的方式表述。在家庭直接安装的医疗器械说明书的要求很高,对此企业应当有充分的认识。

2. 委托第三方进行安装或者由使用单位进行安装的医疗器械,类同委托生产医疗器械一样,生产企业依然是主要责任人。所以,生产企业应当将安装的技术要求、有关安装的文件和标准、安装过程中质量管理,以及设计安装和维修的零部件、资料、密码等对受托者进行全面的交代和提供。委托方必要时应当对第三方的安装进行监督检查,进行用户调查,或者直接提供需要使用者进行信息反馈的方式。

3. 对安装以后的医疗器械进行必要的技术检测和验收,是确保医疗器械产品质量的重要环节。有一些医疗器械在安装以后,按照法规要求,还必须由具有资质的第三方机构对部分法规规定的指标进行检测,比如 X 射线设备的防护检测。所有这些安装过程中的检测和调试过程都必须进行记录,并要妥善保存这些记录。

4. 在医疗机构现场进行安装的医疗器械,最后一定要有验收环节。验收应当按照合同要求进行,并保存经验收或签收的各种文件记录。

第六十六条　企业应当建立顾客反馈处理程序,对顾客反馈信息进行跟踪分析。

条款理解:本条款提出对建立顾客反馈信息处理的要求,目的是为了充分并准确地了解产品使用者的意见和需求,掌握用户对企业产品和服务满意程度的有关信息,确保用户意见能够迅速反馈处理,提高客户的满意程度。作为"顾客"的提法,更多包含的,不但是使用者,其实经销商也是属于顾客范围的,因为通过经销商反馈产品信息也是一个重要的通道。

要点说明:对于企业外部来讲,产品销售以后,顾客提出的一切与产品有关的信息都是属于用户信息反馈。比如客户的投诉、咨询,对产品的维修、更换,对不合格产品的退货,以及客户意见的调查测量等等。对于企业内部而言,处理不同的顾客的信息反馈,从接受部门、处理部门、信息反馈部门,以及预防纠正部门和管理评审部门等其职责内容与工作程序都十分重要,所以企业必须建立顾客信息反馈处理程序,并形成程序文件。

对于顾客反馈信息如何处理,这是一个涉及企业利益的更加复杂问题,每个企业根据不同的产品都有一套处理事件的方案。医疗器械生产企业至少应当按照我国《产品质量法》的规定,建立对顾客反馈信息的各种处理办法,包括"三包服务"、"退货"、"赔偿"等。对于一些在规定上无法处理的顾客信息,企业也应当作为跟踪分析的信息保存,以便从比较集中的顾客意见中分析出改进产品的信息。

第十一章　不合格产品控制

医疗器械产品主要用于治病救人,所以对于产品质量要求更高,对产品安全有效更严。对于医疗器械在生产过程中的不合格品的控制也应当更加严格,绝不允许不合格产品进入临床使用。本章专门规定对不合格品的控制,其控制的目的是为了防止不合格产品的非预期用途。

> **第六十七条**　企业应当建立不合格品控制程序,规定不合格品控制的部门和人员的职责与权限。

条款理解: 本条款提出建立不合格品控制程序,并形成不合格品控制程序文件。在文件中对控制不合格品的部门、人员、职责、权限、程序等作出明确的规定。

要点说明:

1. 医疗器械在生产过程中,不合格品会产生在不同的阶段,比如发现原材料不合格、零部件不合格、半成品不合格、制成品不合格,以致产品销售出厂以后被质量抽查发现不合格。所以,对不同阶段的不合格品都应当有不同的处理办法。为此,在不合格品处理程序文件中,都应当对各种不合格品规定处理的程序。

2. 不合格品控制是一个程序,所以在不合格品控制的程序文件中:(1)应当规定各个不同阶段发现不合格品的部门、人员、发现的方法和检查的重点;(2)规定对不合格品评价的部门和人员,建立处理不合格品的监督机制;(3)按照产品和半成品等的技术特性,规定对不合格品提出处置意见的部门和人员,以及实施处置的部门和人员;(4)规定对不合格品处理完成后检验和评价部门和人员,必要时应当组织开展适当的验证措施;(5)规定批准不合格品报废或者处理完成后使用的部门和人员;(6)规定不合格品控制处理的文件资料的记录和保存。

第六十八条　企业应当对不合格品进行标识、记录、隔离、评审，根据评审结果，对不合格品采取相应的处置措施。

条款理解：本条款实际上提出了对不合格品进行控制和处理的两个重要问题。其一，是要求对各个生产阶段的不合格品进行标识、隔离和记录；其二，是要求对不合格品采取评审，并根据评审的结果，决定采取相应的处置措施。

要点说明：

1. 对不合格品进行标识、隔离和记录是为了阻断生产过程中不合格与正常生产产品之间的混淆，防止不合格品流入正常生产产品中，而造成不可估量的危害和损失。为此，对不合格品进行标识时，必须醒目、清晰、完整，有名称、规格、时间、部门等信息，采用譬如红色的容器或器皿，放置在指定的区域内等。有些重要或者高危的不合格品应当有专门的存放场所，进行必要的隔离。

2. 对于不合格品的处置，根据不合格品的特性、不合格的程度、在产品中所处的重要度、不合格品进行处理的可能性及工艺特性，以及处理不合格品的经济成本等多种要素进行综合分析。一般来讲，包括销毁、报废、返工、重新加工、修理、降等使用等等。如何处置不合格品是由企业负责，并对处理后所生产的产品质量负责。企业不可能在没有发生不合格品之前，已经建立一整套不合格品处理的文件。当然，对不合格品的处理也是企业生产经验不断积累。对于如何在处置不合格品中控制质量，在本《规范》的后面两条做了表述。

第六十九条　在产品销售后发现产品不合格时，企业应当及时采取相应措施，如召回、销毁等。

条款理解：本条款表述的是对企业销售以后的产品，发现有不合格时，所应该采取的措施。产品销售以后发现的不合格，一种可能是行政监管部门在对市场上产品进行质量抽验时发现不合格；一种是企业在对留样产品进行复验时发现不合格，从而引申出对已经销售产品可能存在不合格品的管理问题；还有一种是使用者在使用时发现产品不合格。不管何种原因引起的产品不合格，企业都应当及时采取措施。

要点说明：

1. 企业应当重视产品销售以后的市场信息反馈，对销售以后发现的产品不合格现象,要通过销售记录进行追踪,及时采取相应措施。这些措施包括:回收、退货、维修、更换、告示等。

2. 本条款提到的"召回、销毁"措施,与本《规范》第七十五条的内容重复,将在后续条款中说明具体要求。

第七十条　不合格品可以返工的,企业应当编制返工控制文件。返工控制文件包括作业指导书、重新检验和重新验证等内容。不能返工的,应当建立相关处置制度。

条款理解: 本条款规定了对不合格品进行返工的具体要求。不合格品返工的前提条件是,需要分析该不合格品是否可以返工,以及返工以后对产品的质量带来什么影响。对于不合格品的控制问题,已在本《规范》第六十八条中进行了说明。本条款主要规定对于允许返工的不合格品如何控制返工的产品质量问题。

企业可以编制一个不合格品返工控制的程序文件。该文件确定对不合格品进行分析,进行返工的工作程序,包括下达返工指令、编制返工的作业指导书、负责返工的部门人员、返工以后的检验和人员、对返工以后使用效果的验证、审核和批准使用返工品的部门和人员、返工记录的保存等。

要点说明:

1. 不合格品的返工必定是一个技术处理措施,所编制的返工控制文件是属于技术文件范畴,那么这些文件就包括作业指导书、重新检验规则,必要时可以提出重新验证的要求。具体的技术处理措施,应当根据生产企业的经验积累和设备能力来决定,当然也可以委托其他单位完成,毕竟不合格品返工不是经常性的工作。

2. 不合格品返工以后的验证,要根据不合格品的材料特性来决定。对某些材料来讲,能否返工或者返工措施会否影响材料特性是十分重要的。比如,辐照灭菌照射就可能影响材料特性,所以必须考虑多次辐照以后的材料性质是否会有变化;对环氧乙烷灭菌也要考虑此灭菌是否会对材料性质产生影响;等等。

3. 对不能返工的不合格品,应当规定相应的处理方式及管理制度,防止误用。比如,对不合格的乳胶产品是否应当进行粉碎处理,不能再用;对一些金属性质的不合格品是否可以击碎或者拆解。对此,企业应当有专门的管理制度和人员。特别是企业对废品回收的部门和人员,也应当作出相应的规定。

第十二章 分析和改进

　　本章主要规范的内容是对企业质量管理体系的分析和改进。按照国际上医疗器械生产质量管理体系的通行说法,也被称作"预防纠正措施(CAPA)"。"预防纠正措施(CAPA)"在质量管理体系中属于一个非常重要的子系统。这个子系统所包含的内容可以覆盖质量管理体系的全部,因为在质量管理体系的任何系统中都会存在"缺陷"或者"潜在的危害",所以都可以采用"预防纠正措施(CAPA)"。本《规范》除了提出"预防纠正措施(CAPA)"以外,还提出了开展"医疗器械不良事件监测"、"上市后医疗器械的再评价"、"医疗器械产品召回"等一些概念,并且这些概念与现行法律法规已经接轨,所以,本章"分析与改进"与现行的法规要求更加密切。

　　器械生产企业能否有效地开展"预防纠正措施(CAPA)",是一个企业质量管理体系能否有效运行的重要标志。这是因为,一个系统的、标准的、有效的"预防纠正措施(CAPA)"可以保证:(1) 及时发现质量管理中的偏差,不符合性,缺陷或其他不期望的情况不再出现,或被永久纠正;(2) 防止在质量管理体系评审中或者第三方审核中,已发现或者识别的潜在风险再次发生;(3) 不断提高产品生产的一次合格率,提高质量目标实施的可及性;(4) 可以减少因为已知的质量问题和严重事件,而引起的产品召回事件;(5) 对于暂时不可能彻底消除原因的"缺陷",采取降低风险措施;(6) 不断减少内部审核、管理评审、第三方审核过程中的发现"不合格项"的数量,使得企业的质量管理体系不断满足法规的要求;(7) 使得企业生产过程更严格、持续性更好,质量管理水平不断提高,满足顾客需求。

　　认真实施"分析与改进",保证企业的"预防纠正措施(CAPA)"到位,可以充分体现出企业的社会责任,企业的质量信用,企业的管理能力,企业的危机公关意识。

　　实施纠正和预防措施应有文件记录,并由质量管理部门予以保存。这些文件往往是企业开展管理评审所需要的资料,也是行政管理部门开展质量管理体系审核所需要审核的资料。

> **第七十一条** 企业应当指定相关部门负责接收、调查、评价和处理顾客投诉,并保持相关记录。

条款理解: 本条款提出对顾客意见处理的要求。在质量管理体系中,"顾客抱怨"的含义比较广泛,比如包括顾客投诉、顾客报修、顾客退货、顾客意见、顾客评价等等,这些所有的"顾客抱怨"都是企业对质量水平进行分析和评价的信息资源,也是企业开展预防纠正措施的信息来源。

要点说明: 本条款主要是针对"顾客投诉"提出的管理要求。(1)首先企业应当确定顾客投诉信息的来源,比如顾客来信、来电、报修要求,以及顾客向行政监管部门投诉以后,行政监管部门转来的信件等。明确了来源和范围,就有处理的目标和方向。(2)处理顾客投诉是要形成一个工作程序的,从接收信息、登记信息、开展调查、报告相关部门处理到记录处理结果、评价处理效果、保存处理顾客投诉的记录等。一个完整的程序,可以保证认真处理好顾客投诉。(3)对经常发生的同类顾客投诉内容,企业要建立对产品质量的预警,及时分析和发现产品中存在的质量问题,寻找解决办法。(4)顾客投诉处理的记录和结果,应当成为每年开展企业管理评审的主要内容之一。

> **第七十二条** 企业应当按照有关法规的要求建立医疗器械不良事件监测制度,开展不良事件监测和再评价工作,并保持相关记录。

条款理解: 本条款规定了企业必须建立医疗器械不良事件监测制开展不良事件监测工作和再评价工作的要求。监测医疗器械不良事件是医疗器械产品上市以后质量管理的重要工作,也是评价产品质量的主要手段。卫生部和国家食品药品监督管理局在 2008 年发布了《医疗器械不良事件监测和再评价管理办法(试行)》(国食药监械〔2008〕766 号)(以下简称《办法》),其是我国医疗器械开展医疗器械不良事件监测工作的主要法律依据。新的《医疗器械监督管理条例》也第一次将医疗器械不良事件监测工作作为企业的法定义务。

按照《办法》的定义,医疗器械不良事件是指获准上市的质量合格的医疗器械在正常使用情况下发生的,导致或者可能导致人体伤害的各种有害事件。医疗器械不良事件监测,是指对医疗器械不良事件的发现、报告、评价和控制的过程。医疗器械再评价,是指对获准上市的医疗器械的安全性、有效性进行重新评价,并实施相应措施的过程。

按照《办法》要求,医疗器械不良事件的监测是实行分级报告制度。其中,必须报告的是医疗器械的严重伤害事件。所谓严重伤害,是指有下列情况之一者:(1) 危及生命;(2) 导致机体功能的永久性伤害或者机体结构的永久性损伤;(3) 必须采取医疗措施才能避免上述永久性伤害或者损伤。

要点说明:

1. 《办法》规定,医疗器械生产企业、经营企业应当报告涉及其生产、经营的产品所发生的导致或者可能导致严重伤害或死亡的医疗器械不良事件。医疗器械使用单位应当报告涉及其使用的医疗器械所发生的导致或者可能导致严重伤害或死亡的医疗器械不良事件。同时,《办法》又提出,报告医疗器械不良事件应当遵循可疑即报的原则。那么在"严重伤害"与"可疑即报"二者之间,如何判断、如何处理呢。由于企业在发生不良事件时,存在获得信息的时间短,获得信息不全面,短时间无法对伤害的程度进行判断等因素,所以,一般建议企业采取"可疑即报"在前,主要报告情况事实;"严重伤害"在确定以后在补报。

2. 企业在报告不良事件以后,要保留报告的记录,并采取相应的调查手段,努力将不良事件的发生情况、发生后的处理、处理后的结果等调查清楚,这样有利于后续报告,有利于分析处理。

3. 在报告医疗器械不良事件的同时,企业应当根据医疗器械不良事件的危害程度,必要时应当采取警示、检查、修理、重新标签、修改说明书、软件升级、替换、收回、销毁等控制措施。

4. 当生产企业采取的控制措施可能不足以有效防范有关医疗器械对公众安全和健康产生的威胁时,行政监管部门可以对批准上市的医疗器械,采取发出警示、公告、暂停销售、暂停使用、责令召回等措施。

5. 对于出现突发、群发的医疗器械不良事件时,企业要引起特别重视,应当在第一时间采取措施,与此同时,相关的医疗器械监管部门和卫生主管部门和其他主管部门也都会采取相关的措施。

6. 本条款中提到的对已经上市的医疗器械开展再评价的工作。由于目前对"再评价"的定义、范围、内容、要求都没有明确的规定,所以到目前为止,还没有开展对医疗器械进行再评价的范例。

按照《办法》的提法,医疗器械生产企业应当及时分析其产品的不良事件情况,开展医疗器械再评价。《办法》还提出,医疗器械生产企业通过产品设计回顾性研究、质量体系自查结果、产品阶段性风险分析和有关医疗器械安全风险研究文献等获悉其医疗器械存在安全隐患的,应当开展医疗器械再评价。医疗器械生产企业应当根据医疗器械产品的技术结构、质量体系等要求设定医疗器械再评价启动条件、评价程序和方法。由此可见,医疗器械再评价的要求比较高,程序比较复杂,内容比较广泛,往往会涉及产品重新进行设计开发、重新进行临床评价、重新进行验证确认,所以不是只要一发生不良事件就要开展再评价的。

开展医疗器械再评价可以由一个企业针对自己的产品进行,也可以由行政管理部门针对生产相同产品的企业同时开展再评价。有关这方面的工作开展,还需进一步学习与研究。

7. 国家食品药品监督管理总局在 2011 年《关于印发医疗器械不良事件监测工作指南(试行)的通知》(国食药监械[2011]425 号)文中详细规定了医疗器械生产企业在不良事件的监测过程中,应当在管理制度设计时明确:(1)应履行的责任和义务;(2)指定机构与人员配备要求;(3)应建立的主要监测制度和程序;(4)主要工作步骤要求。

上述《指南》中还规定,任何第二类、第三类医疗器械生产企业、经营企业如果在一个报告年度中,不管是否监测到产品所发生的不良事件,还必须在每年 1 月底前对上一年度医疗器械不良事件监测情况进行汇总分析,并填写《医疗器械不良事件年度汇总报告表》,向所在地省级监测技术机构报告。对于这个规定,企业必须重视。

第七十三条　企业应当建立数据分析程序,收集分析与产品质量、不良事件、顾客反馈和质量管理体系运行有关的数据,验证产品安全性和有效性,并保持相关记录。

条款理解:本条款规定医疗器械生产企业应当建立数据分析程序并形成文件,规定收集和分析与产品质量、不良事件、顾客反馈和质量管理体系运行有关的数据。数据分析是指用适当的统计分析方法对收集来的大量数据进行分析,提取有用信息和形成结论,而对数据加以详细研究和概括总结的过程。这一过程也是质量管理体系的支持过程。在实际运用中,数据分析可帮助人们作出判断,以便对保持质量体系有效运行采取适当行动。

数据分析的数学基础在 20 世纪早期就已确立,但直到计算机的出现才使得实际操作成为可能,并使得数据分析得以推广。数据分析是数学与计算机科学相结合的产物。在统计学领域,有些人将数据分析划分为描述性统计分析、探索性数据分析与验证性数据分析;其中,探索性数据分析侧重于在数据之中发现新的特征,验证性数据分析则侧重于已有假设的证实或证伪。对于这些理论问题,不予过多讨论。

我们强调在数据分析应该注意以下三个方面:数据的来源应真实;分析的方法应科学;分析的结果要输出。数据的来源应真实,要求企业在设计数据分析记录的时候,能够获取完整、有用、真实、持续的数据,这些数据可以获得一个完整的分析过程。分析的方法应科学,要求企业针对每一个需要分析的数据项目选择合适的分析工具,并且能够用这些数据获得结果指导质量工作。分析的结果要输出,通过数据分析以后的结果,要为后续的质量管理措施所用,特别不能对有可能影响产品质量的趋势问题视而不见。

要点说明:

1. 在医疗器械生产过程中,一般需要关注运用数据分析的常用场合为:(1)重要原材料、部件采购和检验数据——可以分析采购供应的质量情况;(2)特殊工序、关键工序的控制和检测数据——可以分析生产过程控制中的质量控制水平;(3)环境测试和控制的数据、水处理后监测数据——可以分析或者及时发现生产环境或者工艺用水的数据变动情况;(4)产品市场销售的数量和分布数据——可以通过产品销售的变动而分析产品质量或者市场需求;(5)返修、维修和投诉的数据和内容、可疑不良事件的报告和数据——可以用上市后的监测数据分析医疗器械产品质量等。总之,选择开展数据分析的项目,既要在生产过程中要可能取得必要和可靠的数据,还要使用这些数据能够对生产活动进行分析和指导。

2. 数据分析的选择可以作为产品设计转换的一部分,企业要对需要进行数据分析的项目制定管理制度和文件。这种活动的开展可以由少到多、由简单到复杂逐步开展。在制定制度过程中要考虑数据的来源:每个产品的生产中会有很多测量的数据,如产品某个技术指标在过程或最终检测时的检测记录,环境或设备、水、气的监测记录,其中或许存在某个规律,或有可能反映出所监测目标的符合性和趋势等,然后与设计生产记录时,要将所记录的数据与进行分析的数据保持一致,有利于数据的使用。

3. 要利用记录的数据开展分析,就要选用适合的数据分析工具。根据不同类型的不同来源的数据采取不同的分析统计方法。比如,可以使用图形分析方法(排列图、因果图、分层法、调查表、散步图、直方图、控制图等),以直观地分析数据的结果和趋势。比如,对离散性数据或者按规律分布的数据还可以采用计算的方法,比如回归分析法、方差分析法、报表分析法,还有目前出现得越来越多的计算机数据分析软件等。统计资料丰富且错综复杂,要想做到合理选用统计分析方法并非易事。对于同一个统计方法资料,若选择不同的统计分析方法处理,有时其结论是截然不同的。对此,企业需要进行必要的管理研究。

4. 数据分析后的输出是数据分析活动的结果。分析后的结果或输出成为下列活动的输入:设备的改进、工艺的改进、材料的重新选择、技能的培训、程序的修改等,或许输出的结果也就是"纠正措施"和"预防措施"的输入。

第七十四条 企业应当建立纠正措施程序,确定产生问题的原因,采取有效措施,防止相关问题再次发生。

应当建立预防措施程序,确定潜在问题的原因,采取有效措施,防止问题发生。

条款理解: 本条款规定企业要建立两个程序文件。这就是生产企业应当建立纠正措施程序并形成文件,以确定并消除不合格的原因,采取防止不合格再发生的措施,并评审所采取纠正措施的有效性。生产企业应当建立预防措施程序并形成文件,以确定并消除潜在不合格的原因,采取预防措施,并评审所采取预防措施的有效性。由此可见,对"不合格"原因的消除,需要采取"纠正措施"。这里所称的"不合格"不仅仅指不合格产品,更多的是指在质量管理活动中发现的不合格行为,即"不合格项",比如违法本《规范》条款的行为。而对"潜在的不合格"原因的消除,就要采取"预防措施"。企业采取预防纠正措施,并取得相应的成效,指导生产过程中的质量管理水平的提高,这就是采用"预防纠正措施(CAPA)"管理的最主要精神。

要点说明：

1. 企业首先要清楚,经常可以获得采取预防纠正措施的信息来源的场合。比如在医疗器械上市后就可以从医疗器械不合格品处置、医疗器械售后服务及维修、医疗器械不良事件报告、医疗器械召回措施、医疗器械内部审核、医疗器械管理数据分析、医疗器械管理评审等这些质量管理活动中获得。

2. 对不合格采取纠正措施,是为了防止已经发生的不合格再次发生而采取的措施。所以,对采取纠正措施的程序至少应该明确:由谁或哪个部门负责采取措施;何时以及如何采取措施;如何验证纠正措施的有效性;与其他质量管理过程的链接。企业在采取纠正措施后,需要保存采取措施的记录,那么这些记录一般应当具有这些内容:(1)不合格现象描述;(2)分析不合格的原因;(3)纠正不合格不再发生的措施;(4)评审所采取措施的有效性;(5)保持采取措施的记录;(6)评审所采取措施的有效性。

3. 对不合格采取预防措施,是为了防止潜在的可能发生的不合格而采取必要的措施。采取预防措施不是凭空想象出来的,其分析往往取决于此前积累的经验,来源于数据表达的趋势,以及推演的可能结果。采取预防措施,一定要运用风险管理的基本理念,否则就会不是看不出问题,就是草木皆兵。对预防措施的具体内容也不是虚空的,而是扎扎实实地去做一些事情,比如改变设计、改变工艺、改变设备、增加检验等等。但是,由于是预防措施,还没有发生过"不合格",所以预防措施的有效性验证也是比较困难的。对于生产质量管理体系来讲,如果在后续的生产中不发生可能预计的"不合格",就已经说明了措施的有效性。企业在采取预防措施后,也要保留记录,当然记录的内容就比较简单。比如:(1)潜在不合格的原因分析;(2)预防措施的有效性验证。(注:所采取的预防措施应取决于潜在不合格事项的风险程度、本质和其对产品质量的影响程度。)

第七十五条 对于存在安全隐患的医疗器械,企业应当按照有关法规要求采取召回等措施,并按规定向有关部门报告。

条款理解: 本条款是对医疗器械召回做出了规定。2010 年由当时的卫生部发布了《医疗器械召回管理办法(试行)》(卫生部令第 82 号)(以下简称《办法》)。这个《办法》是我国第一部对医疗器械召回进行规定的部门规章,对指导我国医疗器械生产、经营企业对缺陷医疗器械的后续处理起了重要作用。

我们首先要清楚医疗器械召回的定义。《办法》指出：所称的医疗器械召回，是指医疗器械生产企业按照规定的程序对其已上市销售的存在缺陷的某一类别、型号或者批次的产品，采取警示、检查、修理、重新标签、修改并完善说明书、软件升级、替换、收回、销毁等方式消除缺陷的行为。本《办法》所称缺陷，是指医疗器械在正常使用情况下存在可能危及人体健康和生命安全的不合理的风险。这个定义中包含几层含义，一是确定按照风险管理要求来确定医疗器械的缺陷，二是确定了什么是医疗器械召回，三是规定了必须建立一个召回产品的程序。

特别是《办法》中提出召回是指对缺陷产品的警示、检查、修理、重新标签、修改并完善说明书、软件升级、替换、收回、销毁等方式消除缺陷的行为，所以召回不是"销毁"，召回也不是"不合格品"处理。主动召回是现代企业对社会负责的一种主动表现。

要点说明：

1. 医疗器械生产企业应当按照《办法》的规定建立和完善医疗器械召回制度，收集医疗器械安全的相关信息，对可能存在缺陷的医疗器械进行调查、评估，及时召回存在缺陷的医疗器械。所以，企业要制定一个有关医疗器械召回的程序文件。生产企业还要告诉医疗器械经营企业、使用单位在必要的时候，如何协助医疗器械生产企业履行召回义务，按照召回计划的要求及时传达、反馈医疗器械召回信息，控制和收回存在缺陷的医疗器械。

2. 生产企业要全面理解产品召回的原则，并在质量管理体系中建立健全与质量管理体系审核、与医疗器械不良事件监测、与收集并反馈顾客投诉、与开展预防纠正措施相关的关系，使得在医疗器械召回过程中全面提高质量管理的能力。

3. 生产企业要用风险管理和风险分析的办法，对医疗器械可能存在的缺陷进行调查和评估。对医疗器械缺陷进行评估的主要内容包括：（1）在使用医疗器械过程中是否发生过故障或者伤害；（2）在现有使用环境下是否会造成伤害，是否有科学文献、研究、相关试验或者验证能够解释伤害发生的原因；（3）伤害所涉及的地区范围和人群特点；（4）对人体健康造成的伤害程度；（5）伤害发生的概率；（6）发生伤害的短期和长期后果；（7）其他可能对人体造成伤害的因素。

4. 生产企业要能够正确判断医疗器械召回的等级。"一级召回"是指使用该医疗器械可能或者已经引起严重健康危害的；"二级召回"是指使用该医疗器械可能或者已经引起暂时的或者可逆的健康危害的；"三级召回"是指使用该医疗器械引起危害的可能性较小但仍需要召回的。生产企业应当根据召回分级与医疗器械销售和使用情况,科学设计召回计划并组织实施。生产企业还要确定"主动召回"和"责令召回"的区别。主动召回是企业的主动报告和采取措施的行为,是对社会和用户主动承担责任的做法。而责令召回是行政管理部门在发现产品缺陷后,企业没有采取召回措施,而发出的强制召回的命令。所以,责令召回属于行政管理部门采取的一种行政强制措施。因此,国家食品药品监督管理总局在《关于进一步做好医疗器械召回信息公开工作的通知》中规定各级医疗器械行政监管部门在政务公开的网站上公布医疗器械召回信息,并且在"医疗器械召回"专栏应分设"主动召回信息"和"责令召回信息"栏目,发布召回信息的格式及内容见其附件。这是一种明显的责任区分。

5. 企业要在程序文件中,严格按照《办法》所规定的程序操作。特别是报告的时限,比如,医疗器械生产企业做出医疗器械召回决定的,一级召回在1日内,二级召回在3日内,三级召回在7日内,通知到有关医疗器械经营企业、使用单位或者告知使用者。还有召回报告以后的中期情况评估和召回结束以后的情况评估,确保采取医疗器械召回措施后能够达到预期的效果。

> **第七十六条** 企业应当建立产品信息告知程序,及时将产品变动、使用等补充信息通知使用单位、相关企业或者消费者。

条款理解: 本条款提出了企业建立信息告知的程序要求。我们现在生活在信息社会,所以将有关医疗器械产品的信息及时告知社会,特别是生产企业下游的经营企业、使用单位就十分重要。信息告知是一种企业的义务,是社会责任的体现。但是企业的信息内容很多,需要告知内容应当很多,所以企业应当进行梳理,提出需要告知顾客的信息,比如包括产品性能结构的变化、产品注册证书等一些凭证的变化、产品使用过程中的关注等等。这样做保证不至于遗漏。当然,信息告知是要成本的,要花费时间的。现在互联网技术发展了,利用网络技术开展告知是一种非常有效的方法。一个成功企业的网站也是十分吸引人的,也是顾客关注的焦点,企业应当十分重视。但是也有企业网站一成不变,死亡的网站对企业形象的负面影响同样十分巨大。目前,行政法规并没有对信息告知程序作出明确的规定,所以希望生产企业根据自己的实际情况开展积极的探索。

要点说明:

1. 现行法规没有对企业产品信息告知作出任何规定,但是完整的、全面的产品信息公开是企业质量信用和社会责任的公开表现,所以,企业应当重视这项工作。

2. 企业的产品信息公开必须依法依规。比如必须符合医疗器械产品注册证上所载明的内容;必须符合经注册的产品说明书和产品技术要求所规定的内容;必须符合广告法和医疗器械广告宣传所规定的内容。

第七十七条 企业应当建立质量管理体系内部审核程序,规定审核的准则、范围、频次、参加人员、方法、记录要求、纠正预防措施有效性的评定等内容,以确保质量管理体系符合本规范的要求。

条款理解: 本条款规定了开展医疗器械生产企业内部审核的要求。在生产质量管理体系中,尤其在 CAPA 子系统中,内部审核占据了主要的地位。审核、评价、措施、结果是一个完整系统的过程。内部审核可以反映一个企业的质量管理体系是否成熟,质量管理体系是否在有效运行。

质量体系的审核是一个在质量管理中经常使用的概念。什么是"审核"? 审核是"为获得审核证据并对其进行客观的评价,以确定满足审核准则的程度所进行的系统的、独立的并形成文件的过程"。这句话讲了审核的证据性、客观性、标准性、系统性、独立性。审核的证据性是为了在生产企业的生产和质量活动中,通过对现场、文件、记录的观察,发现其是按照质量规范进行运作的证据,当然也可能发现不按照或者违反质量规范的证据。审核的客观性是指在审核过程中,不应该有事前已经形成的结果影响,不应该对观察到的事实进行"有罪推断",还必须认识到每次审核中观察到的现象是随机的、局部的、暂时的。审核的标准性是指在审核中,不是随心所欲、信口开河的,而必须依据一定的标准准则进行评判,所以《医疗器械生产质量管理规范》以及所附带的附录,就是我们目前进行质量管理体系审核的准则。当然 ISO13485 标准也是准则,因为我们已经全面等效地采用了 ISO13485。审核的系统性是指在生产企业的质量管理体系中,各个生产过程、各个管理子系统都是相互关联的,在前面表述质量管理体系"七个子系统"时已经说明这些关系。所以在开展企业的内部审核时,也不能就事论事在一个方面进行,内部审核需要在整个质量体系中展开。最近国家食品药品监督管理总局发布了对医疗器械生产企业实行分类分级监督检查的规定,其中提出对生产企业开展"全项检查"的项目,这也是从系统性的角度考虑的。独立性是指在一个企业与一个社会一样,在实施某项管理工作的同时,还需要另一部分人进行监督。这种相互监督的机制是为了防止出现系统性缺陷而不能发现。所以,开展生产企业内部审核,就是一种监督机制,内审员就应当具有独立检查和独立发现问题、独立进行报告的权利。按照这些原则,企业可以编制内部审核管理文件,规定程序和方式,规定权限和责任等。

要点说明:

1. 生产企业的质量管理体系内部审核属于"第一方审核"。企业对供应商的审核属于"第二方审核"。企业接受社会认证机构的审核或者接受行政管理部门的审核,就是"第三方审核"。由于审核的原理都是一样的,但是审核的方式和作用不一样,所以企业应当对这三种审核方式都要了解,并形成不同的管理制度。

2. 企业的内部审核是一种程序性的工作,所以应当编制程序文件。在考虑审核程序时,应当明确:内审的启动;现场审核的准备;内审活动实施和记录;内审报告的编制、批准和分发;预防纠正措施的落实。

3. 内部审核的目的是要依据质量体系标准、体系文件、产品标准、法规要求评价生产企业质量管理体系是否符合准则的要是否符合满足管理要求。对于内部审核中发现的问题,应当及时采取纠正和预防措施,或者说"整改",并保持持续改进。

4. 生产企业的内部审核活动不同于企业的管理评审。内部核查的目的是随时发现企业质量管理体系运行中存在的问题,一般不会事先通知准备,类似于行政管理中的"飞行检查"。内部核查的次数没有限制,在生产活动中可以经常进行,特别是当企业的生产活动发生重大变化时,比如变化生产场所、变更生产设备和工艺、新产品正式投产等都可以进行内部审核。企业在第三方认证机构核查之前也可以进行内部核查。生产企业的内部核查应当由内审员参加,企业的质量体系内审员都应当经过由国家认可的内审员培训机构培训,具有相应的资质。当然,企业的内审活动还可以有企业的其他管理人员、技术人员参加,以利于更全面地发现问题。企业的内部审核所采用的标准,应当由企业的质量手册进行约定。

5. 生产企业的内部审核要保存记录,建立完整的档案。

第七十八条 企业应当定期开展管理评审,对质量管理体系进行评价和审核,以确保其持续的适宜性、充分性和有效性。

条款理解: 本条款提出企业应当定期开展管理评审的要求。管理评审是生产企业质量活动的一项重要内容,也是质量管理规范中一项规定。企业的管理评审是由企业负责人(总经理或者董事长)主持召开的会议,其是为了评价企业的管理体系的适宜性、充分性和有效性所进行的活动。这种评审是综合性的评审,用以总结企业在质量管理方面的业绩,并分析寻找出企业当前的质量活动与预期目标的差距,考虑任何可能改进的方向和机会。

适宜性,就是分析企业目前所建立的质量管理体系,企业的质量手册和管理文件,企业所采用的管理方式,企业的基本资源和生产过程是否与企业的实际情况相适应。如果不适应是可以调整的,包括增加管理内容或者删减管理条款。即使本《规范》,如果有不适应企业的实际情况,也是可以调整或删减。这种调整要形成文件规定,便于在核查中参考。

充分性,就是要分析评价企业的质量管理体系是否能够满足企业生产活动的全过程、全覆盖。在医疗器械质量管理的要求中,是不允许在企业生产的一个方面或者部门中没有质量体系覆盖,也不允许在一个产品生产的全过程中,有部分环节没有质量管理。如果发现这种现象,那是属于严重的不合格。

有效性,就是要分析企业运行了质量管理体系后,对确保产品质量的效果。严格的质量体系的运行,是要花费相当的管理成本的,越严格成本越高。所以,质量管理的有效性必须看结果,必须统计分析产品的最终质量和上市后的顾客反馈情况。

要点说明:

1. 企业要为管理评审建立管理制度,编制程序文件。一般情况下,管理评审的准备工作都要由管理者代表进行。这包括:对管理评审进行策划;为管理评审准备内容、文件、议程、会务、通知等事务;组织召开管理评审会议;记录、编写、发布管理评审报告;跟踪实施管理评审中提出的纠正措施的实施。

2. 企业管理评审工作的分工,可以参考如下:

由企业负责人主持管理评审会议,批准《管理评审计划》和《管理评审报告》。

管理者代表负责编制《管理评审计划》和《管理评审报告》,组织各部门报告管理体系的运行情况,组织、协调管理评审的相关工作。

企业质量管理部门负责收集管理评审中需输入的各种数据资料;负责管理评审会议记录,编制《管理评审报告》,并组织对评审后纠正措施的实施情况进行监督和验证。

企业各相关部门按《管理评审计划》要求负责准备并提供与本部门有关的评审所需的资料,制定并实施有关的纠正或预防措施。

3. 管理评审报告是企业对生产质量管理体系的自我评价和管理,管理评审以后所采取的预防纠正措施是企业发现问题、解决问题的自我提高和整改措施。

因此,在对生产企业的核查中,检查管理评审报告是一项主要内容。

4.《医疗器械监督管理条例》和《医疗器械生产监督管理办法》中都提出生产企业应当按规定,递交企业质量管理体系的自查报告。递交自查报告已经成为企业的法定义务,法规规定如果不递交自查报告,还将受到行政处罚。

上海市食品药品监管局为了提高企业开展质量管理体系自查的能力和水平,特意发布了《上海市医疗器械生产企业质量管理体系自查报告指导原则》。现特地引用作为参考。

上海市医疗器械生产企业质量管理体系自查报告指导原则

一、为了推进本市医疗器械生产企业按照医疗器械生产质量管理规范的要求,建立健全与所生产医疗器械相适应的质量管理体系并保证其有效运行,促使企业能正确开展质量管理体系的自查,准确报告质量管理体系的运行情况,特制订本指导原则。

二、根据《医疗器械监督管理条例》第二十四条第二款规定,以及《医疗器械生产监督管理办法》第四章的要求编制本指导原则。

三、本市医疗器械生产企业(含第一类、第二类和第三类医疗器械生产企业)应当在每年末,按本指导原则的要求和附录的文件格式,编制年度质量管理体系自查报告,将电子文档报告传报至"上海市医疗器械生产企业基本信息系统",书面报告经法定代表人或企业负责人、管理者代表签名并加盖公章后,邮寄至企业生产地址所在地的区县食品药品监督管理部门。报告的最后期限为每年末后第一个月份的 15 日。

四、自查报告可参考以下内容和要求编写:

(一)医疗器械监督管理法律法规的遵守情况。

1. 医疗器械注册(备案)证书的合法性、有效性,原有数量,报告期新增数量,报告期变更数量,报告期延续数量。

2. 医疗器械生产许可证(备案凭证)的合法性、有效性以及变化。

3. 委托或受托生产医疗器械的基本情况以及合法性。

(二)报告期内医疗器械生产活动的基本情况。

1. 全年的医疗器械生产产值、销售产值、出口产值(只要求快报数据)。

2. 全年医疗器械产品生产的品种和数量,全年未生产的医疗器械品种情况。

3. 是否存在《生产监督管理办法》第四十二、四十三条"生产条件发生变化，不再符合医疗器械质量管理体系要求的"或"医疗器械产品连续停产一年以上且无同类产品在产的"情况。

（三）报告期内进行管理评审和内部审核的情况。

1. 企业在年度内进行管理评审的情况、评价结果、发现的主要问题以及采取预防纠正措施的情况。

2. 企业在年度内进行内部审核的情况、检查结果、发现的主要问题以及采取预防纠正措施的情况。

3. 企业对重要的客户抱怨（包括重大投诉、重大维修、严重不良事件、产品召回）的评价和处理情况。

（四）报告期内进行采购管理和对供应商审计的情况。

1. 对供应商审核、评价情况，采购记录是否真实、准确、完整，并符合可追溯的情况。

2. 是否改变采购供应。是否按照规定进行主要原材料变更的验证确认或者申请变更注册或备案，以确保采购产品符合法定要求。

（五）报告期内进行生产质量控制的情况。

1. 企业是否在经许可或者备案的生产场地进行生产，按照规定的生产工艺组织生产并进行控制，确保生产设备、工艺装备和检验仪器等设施设备的正常运行，保证进行维护并记录。

2. 企业是否按照经注册或者备案的产品技术要求组织生产，保证出厂的医疗器械符合强制性标准以及经注册或者备案的产品技术要求。出厂的医疗器械是否经检验合格并附有合格证明文件。按规定保持生产记录并可追溯。

（六）报告期内对人员开展医疗器械法律、法规、规章、标准等知识培训和管理的情况。

1. 对管理者代表、质量授权人进行培训和履职的评价情况。

2. 对质量负责人、生产负责人、技术负责人等相关负责人进行培训和评价的情况。

3. 对与质量相关的人员进行培训、考核、检查的情况。对涉及健康要求的人员的检查情况。

（七）报告期内企业是否发生重大生产事故或质量事故、是否发现严重不良事件、是否发生产品召回、是否有产品被质量抽验、是否受到行政处罚等信息。

（八）报告期内企业承担的社会责任情况报告，以及接受各级行政管理部门或者第三方机构检查或认证检查的情况。

1. 是否接受到各级行政管理部门的监督检查，检查的性质和检查结果。

2. 是否接受到第三方机构的检查或认证，检查情况和结果报告的情况。

3. 企业是否受到各级各种表彰或奖励。

4. 企业承担的社会责任情况（比如对社会的捐赠、服务，对环境的保护，对员工的就业和服务等贡献）报告。

5. 企业完成质量信用自评报告，自评的信用等级情况。

（九）企业对于已经完成基本信息报告以及对本自查报告真实性的承诺。

五、医疗器械生产企业未按规定向各区县食品药品监督管理部门提交质量管理体系自查报告的，按照《医疗器械监督管理条例》第六十八条的规定处罚。

上海市医疗器械生产企业质量管理体系自查报告

报告年份：　　　　　　年度

企业名称		所属区县	
生产许可(备案)证号		企业管理类别	
自查报告：			
一、医疗器械监督管理法律法规的执行情况。			
1. 医疗器械注册(备案)证书的合法性、有效性，原有数量，报告期新增数量，报告期变更数量，报告期延续数量。			
2. 医疗器械生产许可证(备案凭证)的合法性、有效性以及变化。			
3. 委托或受托生产医疗器械的基本情况以及合法性。			
二、报告期内医疗器械生产活动的基本情况。			
1. 全年的医疗器械生产产值、销售产值、出口产值(只要求快报数据)。			
2. 全年医疗器械产品生产的品种和数量，全年未生产的医疗器械品种情况。			
3. 是否存在《生产监督管理办法》第四十二、四十三条"生产条件发生变化，不再符合医疗器械质量管理体系要求的"或"医疗器械产品连续停产一年以上且无同类产品在产的"情况。			
4. 是否已经完成"上海市医疗器械生产企业基本信息系统"的填报。			

三、报告期内进行管理评审和内部审核的情况。
1. 企业在年度内进行管理评审的情况、评价结果、发现的主要问题以及采取预防纠正措施的情况。 2. 企业在年度内进行内部审核的情况、检查结果、发现的主要问题以及采取预防纠正措施的情况。 3. 企业对重要的客户抱怨(包括重大投诉、重大维修、严重不良事件、三包服务)的评价和处理情况。
四、报告期内进行采购管理和对供应商审计的情况。
1. 对供应商审核、评价情况,采购记录应当真实、准确、完整,并符合可追溯的情况。 2. 是否改变采购供应。是否按照规定进行主要原材料变更的验证确认或者申请变更注册,应确保采购产品符合法定要求。
五、报告期内进行生产质量控制的情况。
1. 企业应当在经许可或者备案的生产场地进行生产,按照规定的生产工艺组织生产并进行控制,确保生产设备、工艺装备和检验仪器等设施设备的正常运行,保证进行维护并记录。 2. 企业是否按照经注册或者备案的产品技术要求组织生产,保证出厂的医疗器械符合强制性标准以及经注册或者备案的产品技术要求。出厂的医疗器械应当经检验合格并附有合格证明文件。按规定保持生产记录并可追溯。
六、报告期内对人员开展医疗器械法律、法规、规章、标准等知识培训和管理的情况。
1. 对管理者代表、质量授权人履职的评价情况。 2. 对质量负责人、生产负责人、技术负责人等相关负责人进行培训和评价的情况。 3. 对与质量相关的人员进行培训、考核、检查的情况。对涉及健康要求的人员的检查情况。

七、报告期内的重大事项报告。
企业是否发生重大生产事故或质量事故、是否发现严重不良事件、是否发生产品召回、是否有产品被质量抽验、是否受到行政处罚等。
八、报告期内企业承担的社会责任情况报告，以及接受行政管理部门或者第三方机构检查或认证检查的情况。
1. 是否接受到各级行政管理部门的监督检查，检查的性质和检查结果。 2. 是否接受到第三方机构的检查或认证，检查情况和结果报告如何。 3. 企业是否受到各级各种表彰或奖励。 4. 企业承担的社会责任情况报告。 5. 企业是否完成质量信用自评报告，自评的信用等级情况。
九、其他需要说明的问题：
十、本企业按照《医疗器械监督管理条例》等法规，以及医疗器械生产质量管理规范进行自查，确保生产质量管理体系有效运行。所报告的内容真实有效，并愿承担一切法律责任。 　　　　　　　　　　签名　　管理者代表： 　　　　　　　　　　　　　　法定代表人： 　　　　　　　　　　　　　　（或企业负责人） 　　　　　　　　　　企业盖章： 　　　　　　　　　　　　年　　　月　　　日

第十三章 附 则

第七十九条 医疗器械注册申请人或备案人在进行产品研制时,也应当遵守本规范的相关要求。

条款理解: 本条款提出了在产品研制时,应当实施《医疗器械生产质量管理规范》的要求。这条款很重要,但是如此表述又显得意犹未尽,并不能说清问题。

国家食品药品监督管理总局在《医疗器械注册管理办法》第三十四条中规定:"食品药品监督管理部门在组织产品技术审评时可以调阅原始研究资料,并组织对申请人进行与产品研制、生产有关的质量管理体系核查。"并且将会为如何开展与产品研制、生产有关的质量管理体系核查的程序管理文件。这也决定了产品研制必须要经得起体系核查。

但是,问题在于医疗器械产品在设计研制过程中的数量、规模、条件、能力、工艺、人员等要素,与正式投入生产的医疗器械的生产模式是不可能完全一样的。即使进行质量管理体系的核查,所核查的对象、文件、条件也可能会发生变化。所以,目前大家都关注对医疗器械产品研制进行核查的重点是什么?条款有多少?核查评价要求怎样?研制核查的时机如何掌握?这些是非常现实的问题,谁也无法回避。我们一方面要全面学习理解《规范》在设计开发、生产控制、质量控制方面的基本要求,以求能够全面、灵活地掌握医疗器械产品设计研制中的质量管理;另一方面也期待国家食品药品监督管理总局能够更具体的,对于医疗器械产品设计研制中质量管理的指导文件。

要点说明:

国家食品药品监督管理总局发布了《境内第三类医疗器械注册质量体系核

查工作程序(暂行)》(食药监械管(2015)63 号)(以下简称:《程序》)。《程序》明确注册质量体系核查的启动主体、申请主体、核查主体;规定了核查的程序和时限;规定了核查的结论和后续处置。

特别是该《程序》的第六条提出:在核查过程中,应当同时对企业注册检验样品和临床试验用样品的真实性进行核查。重点查阅设计和开发过程实施策划和控制的相关记录、用于样品生产的采购记录、生产记录、检验记录和留样观察记录等。由此可见,结合本《规范》的学习,从注册检验样品和临床试验用样品的生产数量、质量标准、质量控制、稳定可靠的要求出发,已经对医疗器械注册研制质量管理体系的要求提出了一个清晰的轮廓。

> **第八十条** 国家食品药品监督管理总局针对不同类别医疗器械生产的特殊要求,制定细化的具体规定。

条款理解:本条款是为了解决对特殊医疗器械生产中具有普遍指导意义的质量管理要求提出的,也是国家食品药品监督管理总局提出 1+X 的规范指导思想的依据。

目前除了本《规范》的文本以外,国家食品药品监督管理总局已经就修订后的《医疗器械生产质量管理规范无菌医疗器械生产附录》、《医疗器械生产质量管理规范植入性医疗器械生产附录》、《医疗器械生产质量管理规范体外诊断试剂生产附录》三个文件在征求意见。这些附录与本《规范》的正文具有同等效力,而且更加具体,更加直接。这些附录理解不难,执行更重要。

> **第八十一条** 企业可根据所生产医疗器械的特点,确定不适用本规范的条款,并说明不适用的合理性。

条款理解:本条款提出了一个观点,即《医疗器械生产管理规范》所提出的要求,并不一定适应所有的医疗器械生产企业。就如本书一直所说,医疗器械产品所具有的复杂性,决定了医疗器械生产质量管理的多样性。在管理企业的质量工作中,我们必须充分考虑质量管理体系的适宜性、充分性、有效性。在生产质量管理体系的核查中,企业可以明确地提出某些条款、或者某些条款的具体要求与企业所生产的医疗器械产品不相适合,可以不采纳、不适用。这是本着实事求是的精神,也是给了企业和检查人员一种自由裁量权。

要点说明:

建议企业对本《规范》中不适用的条款或者内容列出清单,说明不适用的理由,并经过企业评审。

在生产质量体系核查中,检查员应当审阅不适用条款的清单。如果检查员提出企业认为的不适用条款,实际上应当是适用的,应说明他们认为适用的理由。对此,可以通过沟通交流,力求取得一致。对于无法统一的分歧,可以提交检查委派单位进行研究。如果涉及企业许可、行政处罚等重大问题,应当给予企业有充分的行政救济权利。

第八十二条　本规范下列用语的含义是:

验证:通过提供客观证据对规定要求已得到满足的认定。

确认:通过提供客观证据对特定的预期用途或者应用要求已得到满足的认定。

关键工序:指对产品质量起决定性作用的工序。

特殊过程:指通过检验和试验难以准确评定其质量的过程。

第八十三条　本规范由国家食品药品监督管理总局负责解释。

第八十四条　本规范自 2015 年 3 月 1 日起施行。原国家食品药品监督管理局于 2009 年 12 月 16 日发布的《医疗器械生产质量管理规范(试行)》(国食药监械[2009]833 号)同时废止。

附录 医疗器械生产质量管理规范

第一章 总 则

第一条 为保障医疗器械安全、有效,规范医疗器械生产质量管理,根据《医疗器械监督管理条例》(国务院令第 650 号)、《医疗器械生产监督管理办法》(国家食品药品监督管理总局令第 7 号),制定本规范。

第二条 医疗器械生产企业(以下简称企业)在医疗器械设计开发、生产、销售和售后服务等过程中应当遵守本规范的要求。

第三条 企业应当按照本规范的要求,结合产品特点,建立健全与所生产医疗器械相适应的质量管理体系,并保证其有效运行。

第四条 企业应当将风险管理贯穿于设计开发、生产、销售和售后服务等全过程,所采取的措施应当与产品存在的风险相适应。

第二章 机 构 与 人 员

第五条 企业应当建立与医疗器械生产相适应的管理机构,并有组织机构图,明确各部门的职责和权限,明确质量管理职能。生产管理部门和质量管理部门负责人不得互相兼任。

第六条 企业负责人是医疗器械产品质量的主要责任人,应当履行以下职责:

(一)组织制定企业的质量方针和质量目标;

(二)确保质量管理体系有效运行所需的人力资源、基础设施和工作环境等;

(三)组织实施管理评审,定期对质量管理体系运行情况进行评估,并持续改进;

（四）按照法律、法规和规章的要求组织生产。

第七条　企业负责人应当确定一名管理者代表。管理者代表负责建立、实施并保持质量管理体系，报告质量管理体系的运行情况和改进需求，提高员工满足法规、规章和顾客要求的意识。

第八条　技术、生产和质量管理部门的负责人应当熟悉医疗器械相关法律法规，具有质量管理的实践经验，有能力对生产管理和质量管理中的实际问题作出正确的判断和处理。

第九条　企业应当配备与生产产品相适应的专业技术人员、管理人员和操作人员，具有相应的质量检验机构或者专职检验人员。

第十条　从事影响产品质量工作的人员，应当经过与其岗位要求相适应的培训，具有相关理论知识和实际操作技能。

第十一条　从事影响产品质量工作的人员，企业应当对其健康进行管理，并建立健康档案。

第三章　厂房与设施

第十二条　厂房与设施应当符合生产要求，生产、行政和辅助区的总体布局应当合理，不得互相妨碍。

第十三条　厂房与设施应当根据所生产产品的特性、工艺流程及相应的洁净级别要求合理设计、布局和使用。生产环境应当整洁、符合产品质量需要及相关技术标准的要求。产品有特殊要求的，应当确保厂房的外部环境不能对产品质量产生影响，必要时应当进行验证。

第十四条　厂房应当确保生产和贮存产品质量以及相关设备性能不会直接或者间接受到影响，厂房应当有适当的照明、温度、湿度和通风控制条件。

第十五条　厂房与设施的设计和安装应当根据产品特性采取必要的措施，有效防止昆虫或者其他动物进入。对厂房与设施的维护和维修不得影响产品质量。

第十六条　生产区应当有足够的空间，并与其产品生产规模、品种相适应。

第十七条　仓储区应当能够满足原材料、包装材料、中间品、产品等的贮存条件和要求，按照待验、合格、不合格、退货或者召回等情形进行分区存放，便于检查和监控。

第十八条　企业应当配备与产品生产规模、品种、检验要求相适应的检验场所和设施。

第四章　设　　备

第十九条　企业应当配备与所生产产品和规模相匹配的生产设备、工艺装备等,并确保有效运行。

第二十条　生产设备的设计、选型、安装、维修和维护必须符合预定用途,便于操作、清洁和维护。生产设备应当有明显的状态标识,防止非预期使用。

企业应当建立生产设备使用、清洁、维护和维修的操作规程,并保存相应的操作记录。

第二十一条　企业应当配备与产品检验要求相适应的检验仪器和设备,主要检验仪器和设备应当具有明确的操作规程。

第二十二条　企业应当建立检验仪器和设备的使用记录,记录内容包括使用、校准、维护和维修等情况。

第二十三条　企业应当配备适当的计量器具。计量器具的量程和精度应当满足使用要求,标明其校准有效期,并保存相应记录。

第五章　文　件　管　理

第二十四条　企业应当建立健全质量管理体系文件,包括质量方针和质量目标、质量手册、程序文件、技术文件和记录,以及法规要求的其他文件。

质量手册应当对质量管理体系作出规定。

程序文件应当根据产品生产和质量管理过程中需要建立的各种工作程序而制定,包含本规范所规定的各项程序。

技术文件应当包括产品技术要求及相关标准、生产工艺规程、作业指导书、检验和试验操作规程、安装和服务操作规程等相关文件。

第二十五条　企业应当建立文件控制程序,系统地设计、制定、审核、批准和发放质量管理体系文件,至少应当符合以下要求:

(一)文件的起草、修订、审核、批准、替换或者撤销、复制、保管和销毁等应当按照控制程序管理,并有相应的文件分发、替换或者撤销、复制和销毁记录;

(二)文件更新或者修订时,应当按规定评审和批准,能够识别文件的更改和修订状态;

(三)分发和使用的文件应当为适宜的文本,已撤销或者作废的文件应当进行标识,防止误用。

第二十六条　企业应当确定作废的技术文件等必要的质量管理体系文件的保存期限,以满足产品维修和产品质量责任追溯等需要。

第二十七条　企业应当建立记录控制程序,包括记录的标识、保管、检索、保存期限和处置要求等,并满足以下要求:

(一)记录应当保证产品生产、质量控制等活动的可追溯性;

(二)记录应当清晰、完整,易于识别和检索,防止破损和丢失;

(三)记录不得随意涂改或者销毁,更改记录应当签注姓名和日期,并使原有信息仍清晰可辨,必要时,应当说明更改的理由;

(四)记录的保存期限应当至少相当于企业所规定的医疗器械的寿命期,但从放行产品的日期起不少于 2 年,或者符合相关法规要求,并可追溯。

第六章　设 计 开 发

第二十八条　企业应当建立设计控制程序并形成文件,对医疗器械的设计和开发过程实施策划和控制。

第二十九条　在进行设计和开发策划时,应当确定设计和开发的阶段及对各阶段的评审、验证、确认和设计转换等活动,应当识别和确定各个部门设计和开发的活动和接口,明确职责和分工。

第三十条　设计和开发输入应当包括预期用途规定的功能、性能和安全要求、法规要求、风险管理控制措施和其他要求。对设计和开发输入应当进行评审并得到批准,保持相关记录。

第三十一条　设计和开发输出应当满足输入要求,包括采购、生产和服务所需的相关信息、产品技术要求等。设计和开发输出应当得到批准,保持相关记录。

第三十二条　企业应当在设计和开发过程中开展设计和开发到生产的转换活动,以使设计和开发的输出在成为最终产品规范前得以验证,确保设计和开发输出适用于生产。

第三十三条　企业应当在设计和开发的适宜阶段安排评审,保持评审结果及任何必要措施的记录。

第三十四条　企业应当对设计和开发进行验证,以确保设计和开发输出满足输入的要求,并保持验证结果和任何必要措施的记录。

第三十五条　企业应当对设计和开发进行确认,以确保产品满足规定的使用要求或者预期用途的要求,并保持确认结果和任何必要措施的记录。

第三十六条　确认可采用临床评价或者性能评价。进行临床试验时应当符合医疗器械临床试验法规的要求。

第三十七条　企业应当对设计和开发的更改进行识别并保持记录。必要时,应当对设计和开发更改进行评审、验证和确认,并在实施前得到批准。

当选用的材料、零件或者产品功能的改变可能影响到医疗器械产品安全性、有效性时,应当评价因改动可能带来的风险,必要时采取措施将风险降低到可接受水平,同时应当符合相关法规的要求。

第三十八条　企业应当在包括设计和开发在内的产品实现全过程中,制定风险管理的要求并形成文件,保持相关记录。

第七章　采　购

第三十九条　企业应当建立采购控制程序,确保采购物品符合规定的要求,且不低于法律法规的相关规定和国家强制性标准的相关要求。

第四十条　企业应当根据采购物品对产品的影响,确定对采购物品实行控制的方式和程度。

第四十一条　企业应当建立供应商审核制度,并应当对供应商进行审核评价。必要时,应当进行现场审核。

第四十二条　企业应当与主要原材料供应商签订质量协议,明确双方所承担的质量责任。

第四十三条　采购时应当明确采购信息,清晰表述采购要求,包括采购物品类别、验收准则、规格型号、规程、图样等内容。应当建立采购记录,包括采购合同、原材料清单、供应商资质证明文件、质量标准、检验报告及验收标准等。采购记录应当满足可追溯要求。

第四十四条　企业应当对采购物品进行检验或者验证,确保满足生产要求。

第八章　生　产　管　理

第四十五条　企业应当按照建立的质量管理体系进行生产,以保证产品符合强制性标准和经注册或者备案的产品技术要求。

第四十六条　企业应当编制生产工艺规程、作业指导书等,明确关键工序和特殊过程。

第四十七条　在生产过程中需要对原材料、中间品等进行清洁处理的,应当明确清洁方法和要求,并对清洁效果进行验证。

第四十八条　企业应当根据生产工艺特点对环境进行监测,并保存记录。

第四十九条　企业应当对生产的特殊过程进行确认,并保存记录,包括确认方案、确认方法、操作人员、结果评价、再确认等内容。

生产过程中采用的计算机软件对产品质量有影响的,应当进行验证或者确认。

第五十条　每批(台)产品均应当有生产记录,并满足可追溯的要求。

生产记录包括产品名称、规格型号、原材料批号、生产批号或者产品编号、生产日期、数量、主要设备、工艺参数、操作人员等内容。

第五十一条　企业应当建立产品标识控制程序,用适宜的方法对产品进行标识,以便识别,防止混用和错用。

第五十二条　企业应当在生产过程中标识产品的检验状态,防止不合格中间产品流向下道工序。

第五十三条　企业应当建立产品的可追溯性程序,规定产品追溯范围、程度、标识和必要的记录。

第五十四条　产品的说明书、标签应当符合相关法律法规及标准要求。

第五十五条　企业应当建立产品防护程序,规定产品及其组成部分的防护要求,包括污染防护、静电防护、粉尘防护、腐蚀防护、运输防护等要求。防护应当包括标识、搬运、包装、贮存和保护等。

第九章　质　量　控　制

第五十六条　企业应当建立质量控制程序,规定产品检验部门、人员、操作等要求,并规定检验仪器和设备的使用、校准等要求,以及产品放行的程序。

第五十七条　检验仪器和设备的管理使用应当符合以下要求:

(一)定期对检验仪器和设备进行校准或者检定,并予以标识;

(二)规定检验仪器和设备在搬运、维护、贮存期间的防护要求,防止检验结果失准;

(三)发现检验仪器和设备不符合要求时,应当对以往检验结果进行评价,并保存验证记录;

（四）对用于检验的计算机软件，应当确认。

第五十八条 企业应当根据强制性标准以及经注册或者备案的产品技术要求制定产品的检验规程，并出具相应的检验报告或者证书。

需要常规控制的进货检验、过程检验和成品检验项目原则上不得进行委托检验。对于检验条件和设备要求较高，确需委托检验的项目，可委托具有资质的机构进行检验，以证明产品符合强制性标准和经注册或者备案的产品技术要求。

第五十九条 每批（台）产品均应当有检验记录，并满足可追溯的要求。检验记录应当包括进货检验、过程检验和成品检验的检验记录、检验报告或者证书等。

第六十条 企业应当规定产品放行程序、条件和放行批准要求。放行的产品应当附有合格证明。

第六十一条 企业应当根据产品和工艺特点制定留样管理规定，按规定进行留样，并保持留样观察记录。

第十章 销售和售后服务

第六十二条 企业应当建立产品销售记录，并满足可追溯的要求。销售记录至少包括医疗器械的名称、规格、型号、数量；生产批号、有效期、销售日期、购货单位名称、地址、联系方式等内容。

第六十三条 直接销售自产产品或者选择医疗器械经营企业，应当符合医疗器械相关法规和规范要求。发现医疗器械经营企业存在违法违规经营行为时，应当及时向当地食品药品监督管理部门报告。

第六十四条 企业应当具备与所生产产品相适应的售后服务能力，建立健全售后服务制度。应当规定售后服务的要求并建立售后服务记录，并满足可追溯的要求。

第六十五条 需要由企业安装的医疗器械，应当确定安装要求和安装验证的接收标准，建立安装和验收记录。

由使用单位或者其他企业进行安装、维修的，应当提供安装要求、标准和维修零部件、资料、密码等，并进行指导。

第六十六条 企业应当建立顾客反馈处理程序，对顾客反馈信息进行跟踪分析。

第十一章　不合格品控制

第六十七条　企业应当建立不合格品控制程序,规定不合格品控制的部门和人员的职责与权限。

第六十八条　企业应当对不合格品进行标识、记录、隔离、评审,根据评审结果,对不合格品采取相应的处置措施。

第六十九条　在产品销售后发现产品不合格时,企业应当及时采取相应措施,如召回、销毁等。

第七十条　不合格品可以返工的,企业应当编制返工控制文件。返工控制文件包括作业指导书、重新检验和重新验证等内容。不能返工的,应当建立相关处置制度。

第十二章　不良事件监测、分析和改进

第七十一条　企业应当指定相关部门负责接收、调查、评价和处理顾客投诉,并保持相关记录。

第七十二条　企业应当按照有关法规的要求建立医疗器械不良事件监测制度,开展不良事件监测和再评价工作,并保持相关记录。

第七十三条　企业应当建立数据分析程序,收集分析与产品质量、不良事件、顾客反馈和质量管理体系运行有关的数据,验证产品安全性和有效性,并保持相关记录。

第七十四条　企业应当建立纠正措施程序,确定产生问题的原因,采取有效措施,防止相关问题再次发生。

应当建立预防措施程序,确定潜在问题的原因,采取有效措施,防止问题发生。

第七十五条　对于存在安全隐患的医疗器械,企业应当按照有关法规要求采取召回等措施,并按规定向有关部门报告。

第七十六条　企业应当建立产品信息告知程序,及时将产品变动、使用等补充信息通知使用单位、相关企业或者消费者。

第七十七条　企业应当建立质量管理体系内部审核程序,规定审核的准则、范围、频次、参加人员、方法、记录要求、纠正预防措施有效性的评定等内容,以确保质量管理体系符合本规范的要求。

第七十八条　企业应当定期开展管理评审,对质量管理体系进行评价和审核,以确保其持续的适宜性、充分性和有效性。

第十三章　附　　则

第七十九条　医疗器械注册申请人或备案人在进行产品研制时,也应当遵守本规范的相关要求。

第八十条　国家食品药品监督管理总局针对不同类别医疗器械生产的特殊要求,制定细化的具体规定。

第八十一条　企业可根据所生产医疗器械的特点,确定不适用本规范的条款,并说明不适用的合理性。

第八十二条　本规范下列用语的含义是:

验证:通过提供客观证据对规定要求已得到满足的认定。

确认:通过提供客观证据对特定的预期用途或者应用要求已得到满足的认定。

关键工序:指对产品质量起决定性作用的工序。

特殊过程:指通过检验和试验难以准确评定其质量的过程。

第八十三条　本规范由国家食品药品监督管理总局负责解释。

第八十四条　本规范自 2015 年 3 月 1 日起施行。原国家食品药品监督管理局于 2009 年 12 月 16 日发布的《医疗器械生产质量管理规范(试行)》(国食药监械[2009]833 号)同时废止。

国家食品药品监督管理总局

2014 年 12 月 29 日

图书在版编目(CIP)数据

《医疗器械生产质量管理规范》的解析和应用 / 岳
伟编著 . — 上海 : 上海社会科学院出版社，2015
ISBN 978 - 7 - 5520 - 0930 - 9

Ⅰ.①医… Ⅱ.①岳… Ⅲ.①医疗器械—产品质量
—质量管理—规范—中国 Ⅳ.①TH77—65

中国版本图书馆 CIP 数据核字(2015)第 142283 号

《医疗器械生产质量管理规范》的解析和应用

编　　著：岳　伟
责任编辑：缪宏才
封面设计：黄婧昉
出版发行：上海社会科学院出版社
　　　　　上海顺昌路 622 号　邮编 200025
　　　　　电话总机 021 - 63315947　销售热线 021 - 53063735
　　　　　http://www.sassp.cn　E-mail：sassp@sassp.cn
排　　版：南京展望文化发展有限公司
印　　刷：镇江文苑制版印刷有限责任公司
开　　本：710毫米×1000毫米　1/16
印　　张：9.5
字　　数：154 千
版　　次：2015 年 7 月第 1 版　2022 年 9 月第 8 次印刷

ISBN 978 - 7 - 5520 - 0930 - 9/TH · 001　　　定价：68.00 元